"60岁开始读"科普教育丛书

生活妙招
让生活轻松起来

上海市学习型社会建设与终身教育促进委员会办公室　指导

上海科普教育促进中心　组编

吕文莉　编著

上海科学技术出版社
上海科学普及出版社
复旦大学出版社

图书在版编目(CIP)数据

生活妙招：让生活轻松起来 / 吕文莉编著；上海科普教育促进中心组编. —上海：上海科学技术出版社：上海科学普及出版社：复旦大学出版社，2018.10
("60岁开始读"科普教育丛书)
ISBN 978-7-5478-4201-0

Ⅰ.①生… Ⅱ.①吕…②上… Ⅲ.①生活-知识-普及读物 Ⅳ.①TS976.3-49

中国版本图书馆 CIP 数据核字(2018)第 220782 号

生活妙招
让生活轻松起来

吕文莉　编著

上海世纪出版(集团)有限公司
上海科学技术出版社　出版、发行
(上海钦州南路 71 号　邮政编码 200235　www.sstp.cn)

浙江新华印刷技术有限公司印刷

开本 889×1194　1/24　印张 4⅔
字数：65 千字
2018 年 10 月第 1 版　2018 年 10 月第 1 次印刷
ISBN 978-7-5478-4201-0/TS·224
定价：15.00 元

本书如有缺页、错装或坏损等严重质量问题，
请向工厂联系调换

居家过日子，少不了柴米油盐、洗洗涮涮之类繁琐细碎的家务活。说起来也不是什么大事，但处理不好也就成了一件棘手的事。掌握一些居家生活小妙招，可以让日子过得更轻松、更惬意。

　　本书从节能环保、家居布置、居家清洁、家电维修、购物储存、烹饪技巧、网络便利等七个方面入手，将不同问题进行归类，试图给日常生活中遇到的一些小问题、小麻烦提供比较轻松的解决方案。

编委会

"60 岁开始读"科普教育丛书

- - - - **顾　问**
褚君浩　薛永祺　邹世昌　杨秉辉　袁　雯

- - - - **编委会主任**
倪闽景

- - - - **编委会副主任**
夏　瑛　郁增荣

- - - - **编委会成员**
王伯军　牛传忠　李　唯　姚　岚　蔡向东　熊仿杰　胡　俊　温　博

- - - - **指　导**
上海市学习型社会建设与终身教育促进委员会办公室

- - - - **组　编**
上海科普教育促进中心

- - - - **本书编著**
吕文莉

总　序

　　党的十八大提出了"积极发展继续教育,完善终身教育体系,建设学习型社会"的目标要求,在国家实施科技强国战略、上海建设智慧城市和具有全球影响力科创中心的大背景下,科普教育作为终身教育体系的一个重要组成部分,已经成为上海建设学习型城市的迫切需要,也成为更多市民了解科学、掌握科学、运用科学、提升生活质量和生命质量的有效途径。

　　随着上海人口老龄化态势的加速,如何进一步提高老年市民的科学文化素养,让老年朋友通过学习科普知识提升生活质量,把科普教育作为提高城市文明程度、促进人的终身发展的方式,已成为广大老年教育工作者和科普教育工作者共同关注的课题。为此,上海市学习型社会建设与终身教育促进委员会办公室组织开展了老年科普教育等系列活动,而由上海科普教育促进中心组织编写的"60岁开始读"科普教育丛书正是在这样的背景下应运而生的老年科普教育读本。

　　"60岁开始读"科普教育丛书,是一套适合普通市民,尤其是老年朋友阅读的科普图书,着眼于提高老年朋友的科学素养与健康生活意识和水平。本套丛书已出版四辑20册,现出版的第五辑共5册,涵盖了健康有道、技术创新、生活安全、未来科技、生活妙招等方面内容,包括与老年朋友日常生活息息相关的科学常识和生活知识。

这套丛书提供的科普知识通俗易懂、可操作性强，能让老年朋友在最短的时间内学会并付诸应用，希望借此可以帮助老年朋友从容跟上时代步伐，分享现代科普成果，了解社会科技生活，促进身心健康，享受生活过程，更自主、更独立地成为信息化社会时尚能干的科技达人。

居家生活从来就是一种简单而繁琐的过程。我们在享受它的甘美的同时，也常常会被一些小问题弄得焦头烂额。可别小看这些不起眼的小问题，如果没有正确的应对方法，往往会影响到自己和家人的情绪、健康乃至安全……

老年朋友大都有了一定的生活经验，可有些经验在新的科学发展过程中，被证明是有瑕疵甚至是错误的；而有些新的妙招或方法就成了解决小烦恼的"金钥匙"。如何去伪存真，是我们亟须解决的问题。本书特别选取了一些经实践证明确实可行的好方法、小诀窍，更替了一些旧观念、老思维，可让老年朋友学到更为有用的"生活妙招"。

随着科学技术的发展，一些之前从没出现过的新问题也不断出现，这都是我们老年朋友从未遇到过的。新的日用品、新的电器、新的农产品……如何辨识、怎样选用、以何种方式选用，等等，书中为大家做了简单的介绍，比如垃圾分类、网络使用、新产品辨识、节能环保等一些新事物，以期能让大家在使用中得到最大的收益，有解决小烦恼后如释重负的愉悦感。

科技是不断发展的，我们解决问题的方法也会不断地发展，紧跟时代不仅仅让年轻人有话语权，老年朋友也应该及时更新知识库，努力适应时代的发展,并可以同样取得新时代的话语权。当家人遇到本书中的这些小烦恼时,您可以很自豪地说:我来,我有好办法!

编者

2018 年 7 月

目　录

——————— 一、节能环保 ·· 001

　1. 空调节电妙招有哪些 / 002

　2. 如何让照明灯具更节能 / 003

　3. 洗衣机如何使用更节能环保 / 005

　4. 电热水器节电妙招有哪些 / 006

　5. 电冰箱如何使用更节电 / 008

　6. 电视机有哪些节电诀窍 / 010

　7. 抽水马桶如何巧节水 / 011

　8. 垃圾分类有捷径吗 / 012

——————— 二、家居布置 ·· 015

　9. 如何巧用植物清除室内空气污染 / 016

　10. 如何选择内墙涂料 / 018

　11. 墙面画如何挂装、搭配 / 019

　12. 居室如何布置更温馨 / 021

　13. 客厅小摆件如何发挥大作用 / 023

14. 卫生间清洁有哪些小妙招 / 024

15. 厨房如何快速整理收纳 / 026

16. 阳台如何布置可增大面积 / 028

17. 家电摆放有哪些常识 / 030

三、居家清洁 …………………………………………… 033

18. 清洁金属水龙头有妙招吗 / 034

19. 清洗窗帘有省力方法吗 / 035

20. 清洁地板有哪些妙招 / 037

21. 如何去除烤箱油渍 / 039

22. 电冰箱清洁妙招有哪些 / 041

23. 如何给空调"洗个澡" / 042

24. 顽固的污垢如何清除 / 044

25. 卫生间的镜子怎样清洁能光洁如新 / 046

26. 玻璃制品有哪些清洁方式 / 047

27. 如何选用衣物洗涤剂 / 048

28. 居家除螨有哪些妙招 / 050

四、家电维修 …………………………………………… 053

29. 空调出问题了怎么办 / 054

30. 灯具频闪如何处理 / 055

31. 宽带网络为何突然无法使用 / 057

32. 电视机机顶盒无信号怎么办 / 059

33. 为何有时洗衣机里的衣服甩不干 / 060

34. 燃气热水器罢工如何处理 / 061

35. 选购插座有哪些注意点 / 063

36. 维修家电时要注意哪些骗局 / 065

—— 五、购物储存 ·· 067

37. 衣物如何叠放可让储存空间变大 / 068

38. 水果如何正确存放 / 069

39. 冰箱储存食物有哪些小常识 / 071

40. 如何巧用保鲜膜或保鲜袋 / 073

41. 家中药物存放有哪些误区？正确做法有哪些 / 074

42. 绿色食品和有机食品有啥区别 / 076

43. 逛超市买东西有哪些妙招可省钱得实惠 / 078

—— 六、烹饪技巧 ·· 081

44. 炒菜时不粘锅有哪些妙招 / 082

45. 烹饪中如何妙用葱姜蒜和花椒 / 083

46. 醋在烹饪中有哪些作用 / 084

47. 如何使米饭更加松软可口 / 086

48. 熬鸡汤有哪些妙招 / 088

49. 如何选择不同的油温 / 089

50. 剩菜剩饭该如何处理 / 091

七、网络便利 ……………………………………… 093

51. 安全密码如何设置不易被破解 / 094

52. 如何增强家中的 Wi-Fi 信号 / 095

53. 如何安全网购不受骗 / 097

54. 怎样安全使用网络社交软件 / 099

一、节能环保

（1）夜晚开启睡眠模式：空调的制冷一般能够保持很长一段时间，房间密闭效果好点的，可以保持1个小时左右。所以晚上你如果开启睡眠模式，空调会根据你设定的温度，自动运行：达到设定温度时自动停机，高于设定温度它又自动开机。如此循环，可以有一定的节电效果。

（2）长时间外出提前20分钟关空调：正因为空调制冷能够保持一段时间，所以长时间外出，比如5个小时以上甚至半天，离家前20分钟就可关空调了，能帮你省不少的电费。

（3）不要频繁开启空调：频繁开关空调其实是最耗电的，因为空调启动的时候电流较大，而且压缩机启动时也很耗电。所以如果短时间外出就不要关空调了，让它开着，反正你一会儿就回来了。

（4）温度控制适宜：不要觉得夏天空调温度越低越好，冬天温度越高越好，不同季节应控制不同的温度，如夏季26～28℃，人体感觉舒适，也省电。因为如果制冷的话，空调每调高1℃，可降低相应的用电负荷。

（5）空调一定要保持清洁通风：空调换热器如果积灰过多会影响换热效率。所以空调内机的过滤网应隔一段时间检查一次、约半个月左右清洁一次。空调外机如果不通风，包裹着各种东西，散热就是一个很大的问题，因此一定注意要通风，不要因为怕雨淋就自己随意安装防雨的装置。此外，就是要注意避免阳光暴晒。

（6）即使关了空调也要将插头拔下来：很多人觉得空调关了就没

有能耗。其实不是的，只要插头插着就耗电。拔插头不仅仅是省电，这样做对电器而言更安全。

（7）选择适宜的出风角度：我们都知道冷气往下走，热气往上走。所以制热时出风口应向下，制冷时应往上。因为冷空气密度大，它是往下走的，所以夏季使用空调叶片要向上为好，冷气会自然下落；而暖气密度小点，它更轻，是会上升的，所以说冬季使用空调，叶片应该向下为好。

（8）配合电扇、遮阳帘使用：估计拉上窗帘很多人都会去做，但开空调还用电扇就没几个人会这样做了。但事实上，电扇的吹动力将使室内冷空气加速循环，让冷气分布均匀，从而达到较佳的制冷效果。

② 如何让照明灯具更节能

家庭生活中，各种灯具是少不了的，它满足我们对照明的功能性、舒适性需求，为我们营造敞亮而温馨的家居环境。那么，如何让照明灯具更节能呢？

（1）定期清洁灯具：灯具使用一段时间后，灯泡、灯罩等会逐渐吸附、聚积尘埃，影响灯具的发光、反射效果，导致亮度降低。因此，建议灯具至少每3个月清洁一次，以提升灯具的照明效率。

（2）用淡色提高光照反射：天花板、墙壁甚至窗帘等采用白色、乳白色等淡色为宜，淡色对光的反射效果较佳，可提高光线漫射效果，从而节省电能。

（3）根据功能选用不同灯具：如吸顶灯、壁灯、落地灯功能不同，装在家中适宜的地方也有助于节能。

吸顶灯：是一种吸附在天花板上的灯具，其形状有圆形、方形以及不规则形态，其风格有欧式、田园、清新以及中式古典等多种风格。选择吸顶灯作为卧室的主灯，是一个非常不错的选择。

壁灯：一种挂在墙上的灯具，其柔和的光线、局部照明的方式，能够烘托室内氛围，营造温馨的空间感。适合装在卧室与卫生间中。

落地灯：适用于部分照明，移动方便，营造气氛。落地灯一般放置于沙发的拐角位置，灯光柔和，晚上看电视的时候可以选用落地灯，效果非常好。

（4）方便和安全不能忽略：大部分人都经历过更换吸顶灯的尴尬：踩着桌子、踏着椅子、弯腰抬头，甚至双臂伸到 2.5 米高更高的屋顶。因此，选择灯具时，一定要考虑更换方便。同时，一定要选择正规厂家的灯具。正规产品都标有总负荷，根据总负荷，可以确定使用多少瓦数的灯泡，尤其对于多头吊灯最为重要，即：头数×每只灯泡的瓦数＝总负荷。另外，潮气大的卫生间、厨房应选用防水灯具。

小贴士

灯具的优质光源有 5 个特点：①没有红外光和紫外光的成分，调光性能好，色温变化时不会产生视觉误差；②冷光源发热量低，可以安全触摸；③杜绝眩光，减少和消除光污染；④零频闪，不会使眼睛产生疲劳感；⑤无电磁辐射，杜绝电磁辐射污染，保护健康。同时，选购灯具时，注意接口类型和安装所需尺寸，并且同一照明层的光源尽量在色温和显色性上保持一致。

在家用电器中，洗衣机可以算是一个用水、用电大户。如果家里的洗衣机不够节能，不但浪费能源，水费电费账单也肯定令你头疼。这里就教几招，让洗衣机更加节能环保，更加省钱。

（1）洗衣量适当：最好采用集中洗涤的方式。一般来说，每款洗衣机都有额定容量（说明书中会有明确标示），衣服洗涤量越接近容量，就越节能。当洗衣机的实际洗涤量为额定容量的80％时，效率最高，尤其是脱水，并不是衣服放得越少越好。如果洗大件衣服，起码也要接近70％的额定容量，洗衣机才能真正做到充分利用。

（2）水量适当：水量太多，会增大对波盘的水压，加重电机的负担，增加耗电量；水量太少，会影响衣服的上下翻动，增长洗涤时间，使耗电量增加。

（3）衣物合理分开洗：分开洗，选快慢，调温度。不同面料的衣服，洗涤时间不一样，分开洗才会各取所需，以减少不必要的浪费。质地薄软的化纤、丝绸衣物，较短时间就可洗干净，而质地较厚的棉、毛织品要较长时间才能够洗干净。因此，根据面料的厚薄分开洗，比混在一起洗更能有效地节约洗衣机的工作时间。

（4）选择适合的洗涤程序：轻薄衣物，如果用波轮式洗衣机可选择快洗，用滚筒式洗衣机可选择不加热；洗化纤面料的衣物时，水位可调至低水位，如果是滚筒洗衣机，在冬季加热温度可调至 20 ℃（纯棉衣物、床单等大件用品酌情提高）。

（5）合理选择洗衣机的功能开关：洗衣机的强、中、弱 3 种洗涤功能，耗电量不同。一般丝绸、毛料等高档衣料，只适合弱洗；棉布、混纺、化纤、涤纶等衣料，可采用中洗；只有厚绒毯、沙发布和帆布等织物才采用强洗。

④ 电热水器节电妙招有哪些

（1）保温技术是节能与否的一个最重要指标：保温就意味着节能省钱。消费者在使用的过程中都觉得频繁断电就可以省电，其实这是一个最大的误区。真正节能的电热水器不需要频繁地切断电源，因为它已采用了有效的保温技术。所以，最好选购高品质、信誉好、保温效果好、带防结垢装置的电热水器。

（2）经常使用电热水器的家庭：

对于每天都需要经常使用电热水器的家庭（一般是厨房和卫生间同时使用一台电热水器，煮饭、洗碗、洗澡都用热水），并且电热水器保温效果比较好，那么在使用电热水器的时候最好是一直保持着电源的接通。同时，可以根据使用的频率和热水的使用量来调节热水温度，使用量不大时，可以把温度调低一点，使用量大时，温度可以调高一点。这样不仅用热水很方便，而且还能达到省电的目的。

（3）不经常使用电热水器的家庭：不经常使用电热水器的家庭（比如两三天使用一次），也就是使用的频率不高，这样的家庭建议随用随开，比如在洗澡前一个小时开始通电加热，洗完澡后关闭。平常的时候让热水器处于关闭状态。这样能使电能消耗处于最少的状态，也是电热水器较为省电的状态，从而最大程度上节省电费。对于每天都使用热水器，但仅仅用来洗澡、热水的使用量不大的家庭，我们建议也是在洗澡前一个小时左右通电加热，洗完澡后关闭。

（4）避开用电高峰：电热水器使用时需要稳定的电压，如果当时正处于用电的高峰期，电压就会相对不那么稳定，在使用电热水器时就会增加一定的用电量了。因此，尽量避开用电的高峰期，选择平谷时段比较节能。另外，执行分时电价的地区，在低谷时开启电热水器，蓄热保温，高峰时段关闭电热水器，可减少一定的电费支出。

（5）不同人数不同容量：根据家庭人数及用水习惯选择合适容量的电热水器，不要一味追求大容量，容量越大越耗电。一般小家庭买40～50升的电热水器即可，或以每人20～25升为宜。还要提醒的是，洗澡最好使用淋浴，因为淋浴比盆浴更节约水量及电量。

（6）短管道和保温空间：电热水器安装时尽量靠近用热水处，避免供水管道过长带来的热量损失。如果热水管道超过5米，建议对热水管路进行保温处理。尽量将热水器安装在保温效果好的空间,这样在使用时能减少热量的消耗,可节能。

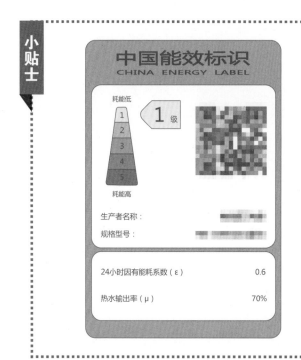

中国能效标识
CHINA ENERGY LABEL

耗能低
1 级
1
2
3
4
5
耗能高

生产者名称:
规格型号:

24小时因有能耗系数(ε)	0.6
热水输出率(μ)	70%

一般来说,凡是经过国家家用电器检测中心检测合格,并有国家相关认证机构颁发 3C 认证标志的电热水器,节电效果明显。现在市场上销售的电热水器都贴有"中国能效标识"(左图),尽量购买能效高(耗能低)的,可节能省钱。

⑤ 电冰箱如何使用更节电

(1)选购节能冰箱:购买冰箱时,应该根据自己家庭的实际情况,比如平时购买食材的数量,给冰箱预留的空间有多大,等等,来挑选合适容量的冰箱。现在的冰箱都会有能效标识，在同等体积的情况下肯定要选择最节能的 1 级能效冰箱。

（2）冰箱放置在通风、阳光直射不到的地方：冰箱放置的地方应该避免阳光直接照射、利于通风，同时与墙面要保持一段距离，以便于冰箱工作时产生的热量可以散发出去。

（3）冰箱封条的密封性良好：要经常检查冰箱封条的密封性，如果封条出现变形，就会影响关闭的严丝合缝程度，造成冷气外泄，从而增加耗电量。假如变形严重，应及时更换。

（4）定期除霜：冰箱使用一段时间后，会产生一些冰霜。假如不能定期化霜，那么会影响制冷效果，而且耗电量也会增加，甚至容易烧坏压缩机。因此，每当看到冰霜的厚度超过 5 毫米时，就应该进行化霜。

（5）减少开冰箱门的次数：每当你拉开一次冰箱门，就会有冷气外泄、热气入侵，这样就必须得再次运转压缩机制冷。因此，尽量一次拿出多种需要的食材，并且动作要迅速，冰箱门也不要拉开太大的角度，尽可能地减少冷气的丢失。

（6）不要让冰箱空着：如果你最近暂时没有什么存货，那么也不要让冰箱空置着，空荡荡的冰箱反而很耗电。最好的方法是往里面放几小盆水，让它结冰，这样一来可以帮助保持低温，减少能耗。另外，应尽量避免将过多的过热食物不经放凉直接放入冰箱内。

（7）根据季节气温，合理选择冰箱内的温度：一般而言，冰箱内温度调得低，耗电量大；冰箱内温度调得高，耗电量小。所以，及时调节温度能省电。此外，应做到不必放入电冰箱的东西尽量不放，含水分较多的食物一定要包装后再放入，这些措施均对节电有利。

有的电冰箱冷藏室前上方有一根铝嵌条,可用此嵌条压装一块无毒塑料薄膜,宽度和长度分别比冷藏室门多出 15 厘米,以后只要掀开塑料薄膜的一角,便可取放食物,能使电冰箱内保持低温。

6 电视机有哪些节电诀窍

电视机是每家每户每天都要用的家用电器,一年下来耗电量很可观,了解一些常识窍门,就可有效省电。

(1)电视的耗电量和音量、亮度有关:电视的声音要调到适合的程度。彩色电视机最亮与最暗时的耗能相差 30～50 瓦,可在室内开一盏低瓦数的日光灯,把电视亮度调小些,这样不但节电而且不易使眼睛疲劳。白天看电视拉上窗帘,可相应降低电视机亮度,也有同样的好处。

(2)看完电视,要立刻关闭电源:看完电视,要立刻关闭电源,而不是把它搁置在待机状态。不拔掉电源插头会消耗电量,因为电视机在待机状态下耗电一般为其开机功率的 10％ 左右。曾有人统计,如一台 21 英寸彩电每天待机 16～24 个小时,那么每月耗电为 4.23 度,拔下插头就可节省大约 2.1 元。

(3)给电视机防尘:加防尘罩可防止电视机吸进灰尘,灰尘多了就可能漏电,增加耗电量,也缩短电视机的使用寿命,还会影响图像和伴音质量。

开关电视机不宜用插拔电源插头的方法,因为插头插进拔出时,使电路时断时续,可引起冲击大电流,既耗电,又易损坏电视机零部件。正确的开关方法是:先插上电源插头,再打开电视机开关;看完节目后应先关掉电视机开关,再拔出电源插头。不可用直接插拔电源的方法代替电视开关。

7　抽水马桶如何巧节水

　　(1)最简易的方法是稍微弯一下浮球柄:将抽水马桶水箱里的浮球柄稍微往下弯一点,就可以使马桶水箱的储水量降低。这是因为水箱的储水量是由浮球所控制的。当浮球升高时,储水量就会增加;反之,当浮球降低时,储水量就会降低。如果浮球柄弯太多而使储水量降低太多时,除了可把浮球柄再弯回来调整外,也可以利用转动浮球柄的方向调整浮球高低。此外,在调整浮球高低前,可将未调整前的正常水位先用铅笔在水箱内缘做记号,然后再决定要省多少水或者比较省的水有多少。因为每人每天冲小便的次数大于大便,而冲小便不需要冲大便的水量就可以冲干净。

　　(2)巧选节水马桶:使用节水型马桶或加装二段式冲水配件。目前一般传统的马桶每次冲水量为12~15升,而新一代的节水型马桶每次冲水量为6~9升,而且因为其整体设计不同,不会有因水量减少而冲不干净的疑虑。不过,由于安装这类节水型马桶需要换掉原来的整个马桶,一般都是原有马桶老旧时才予以拆换。较简单且经济的做法是将原来的马桶水箱的配件换装成二段式冲水配件,冲水便可只用一半的水量。

⑧ 垃圾分类有捷径吗

节能减排对我们来说不仅仅是一个口号,只要我们用心,其实从生活中入手,将生活垃圾合理分类、回收利用,就是最好的行动。目前各地都在提倡垃圾分类,我们来了解一下。

(1)根据不同的垃圾进行分类处理:垃圾大致可分为四类,见下图。

有害垃圾　　厨余垃圾　　其他垃圾　　可回收物

可回收物：包括纸类、金属、塑料、玻璃等，通过综合处理回收利用，可以减少污染，节省资源。家庭可将这些垃圾分别放在不同的箱子或小盒中，每周或每月统一整理一次，直接卖给废品回收站。

厨余垃圾：包括剩菜、剩饭、骨头、菜根、菜叶等食品类废物，经生物技术处理堆肥，每吨可生产0.3吨有机肥料。由于卫生原因，厨余垃圾最好每天清理，在家人外出时，带到社区或街道周边的垃圾站。

有害垃圾：包括含汞废电池、废日光灯管、废水银温度计、过期药品等，这些垃圾需要特殊安全处理。可以先存放在小盒中，装不下时放到社区或街道周边的回收箱中。

其他垃圾：包括除上述几类垃圾之外的砖瓦、陶瓷、渣土等难以回收的废弃物，采取焚烧或卫生填埋可有效减少对地下水、地表水、土壤及空气的污染。这类垃圾一般由专业机构负责回收，社区内一般都有专门的堆放点。

（2）经常进行废物清理、改造：居家过日子，每个家庭中都有很多用不着的旧东西、过时的衣物等，既占空间，又浪费资源。我们可以将这些废物进行分类清理、改造。如旧衣物可以做拖鞋，小孩子的衣物可以清洗干净送给福利院，旧家电、家具可以送去二手市场，喝掉的牛奶盒可以制作成收纳箱、小扇子等。既可以培养子女勤俭节约的好品格、锻炼动手能力，还可以减少家庭开销，提高生活质量。

垃圾分类需要耐心、细心。我们知道垃圾的基本分类有四种，而回收这些垃圾的垃圾桶（上页图）也有四类，它们分别是按不同的颜色进行设计的。如果你仔细观察，可以发现超市售卖的垃圾袋也有这四种颜色的（因各地区颜色分类不统一，可以通过自己的观察来区分）。采购选用这四种颜色的垃圾袋，然后放置不同类别的垃圾，在投放时，直接按颜色投放在不同的垃圾桶，这样就方便了很多。

二、家居布置

室内绿色植物不仅能美化居室环境，更能够吸收有毒气体，释放氧气，是天然的"制氧机"，对室内的空气有很好的净化作用。据统计，目前已发现60多种室内植物可清除污染、净化空气，而且这些能净化空气的植物都易买、易种、价格便宜。因此，在这里推荐几种常见的可净化空气的室内绿色植物。

月季：被称为花中皇后，又称"月月红"。月季对苯的吸收有独特的作用，新房装修后可适当摆放几盆月季，是十分适合的，不仅美观并且可以起到净化空气的作用。

万年青：万年青是多年生常绿草本植物，又名冬不凋、冬不凋草等。万年青这种植物可有效清除空气中的三氯乙烯污染，还可清除硫化氢、氟化氢等多种有害气体，是一种极好的用于改善室内空气质量的植物。

吊兰：吊兰又称垂盆草、桂兰、钩兰、折鹤兰。不但美观，而且吸附有毒气体效果特别好。一盆吊兰在8～10平方米的房间就相当于一个空气净化器，即便是未经装修的房间，养一盆吊兰对人的健康也很有益。

虎尾兰：又名锦兰，属龙舌兰科。虎尾兰叶片对环境的适应能力强，虎尾兰的花叶对气味的吸收也有很大的作用，放置于客厅之中不仅美观而且实用。

芦荟：是多年生百合科肉质草本植物。含有丰富的多糖、蛋白质、氨基酸、维生素、活性酶及对人体十分有益的微量元素。芦荟可吸附甲醛，它适合摆放在卧室或者客厅的桌子上。

非洲菊：属菊科多年生草本植

物，别名为太阳花、猩猩菊、日头花等，非洲菊的细毛对空气中的杂质有良好的吸附作用。刚装修后的家居，摆放一盆非洲菊在客厅，能帮助吸附室内的甲醛。

白掌：别名苞叶芋。白掌在欧洲被誉为"可以过滤室内废气的能手"，对付氨气、丙酮和甲醛等都有一定功效。

垂叶榕：又叫细叶榕。它的气根、树皮、叶芽、果实可用于清热解毒、祛风、凉血等。除了药用功效外，垂叶榕还可以净化空气，充当家居盆景是一个十分不错的选择！

薄荷：是多年生宿根性草本植物，又名苏薄荷、仁丹草。薄荷中所释放的薄荷脑，既有清凉芳香之功效，又有杀菌消毒之妙用，能去除家中的氨、苯、甲醛等污染。

龙舌兰：又名龙舌掌、番麻，是南方室内与室外园林布置的重要材料之一。四季常青的叶片易于打理，坚挺的叶片对于吸收空气中的杂质、气体尤为有效，龙舌兰能吸附氨气。

金琥：又名象牙球。它能吸收甲醛、乙醚蒸气等有害气体。它可以 24 小时释放氧气，吸收电磁辐射。

小贴士

一般而言，在室内，每 10 平方米放置一两盆有防治污染功能的室内绿色植物，就可以达到清除室内污染、净化空气的效果。但应根据每种植物的习性和净化空气的作用放在合理的位置，植物才能发挥最大的净化空气作用。比如，在电视机、计算机附近放上金琥盆栽最合适，因为金琥可吸收电磁辐射。

内墙涂料就是用于室内墙面装饰的一种墙面涂料，要求平整度高，丰满度好，色彩温和新颖，而且耐湿擦和耐干擦的性能好，是日常家居装修中必不可少的。目前，用于室内墙面装饰的墙面涂料有六大类，让我们来详细了解一下吧！

（1）了解墙面涂料种类和性能，正确选择涂料：大致有以下几种，介绍如下。

低档水溶性涂料：这种涂料是聚乙烯醇溶解在水中，再在其中加入颜料等其他助剂而成。这种内墙涂料特点是不耐水、不耐碱，涂层受潮后容易剥落，属低档内墙涂料，适用于一般内墙装修。它的优点是价格便宜、无毒、无臭、施工方便等；缺点是耐久性不好，易泛黄变色，用湿布擦后会留下痕迹。

乳胶漆：这是一种以水为介质，以丙烯酸酯类、苯乙烯-丙烯酸酯共聚物、醋酸乙烯酯类聚合物的水溶液为成膜物质，加入多种辅助成分制成，其成膜物是不溶于水的。其特点是耐水性等比低档水溶性涂料大大提高，湿擦洗后不留痕迹，并有平光、高光等不同装饰类型，好的乳胶漆涂层受潮后也不会轻易剥落。

多彩涂料：这种涂料的成膜物质是硝基纤维素，以水包油形式分散在水相中，一次喷涂可以形成多种颜色花纹。其特点是颜色丰厚、外形新颖、平面感强，所以日益受到人们的喜爱。

仿瓷涂料：这是以多种高分子化合物为基料，配以各种助剂、颜料、填料经加工而成的有光涂料。仿瓷涂料的特点是耐磨、耐沸水、耐老化及硬度高，装饰效果细腻、光洁、淡雅，只是施工工艺繁杂，耐湿擦性差。

液体壁纸：也称壁纸漆，是集壁纸和乳胶漆特点于一身的环保水性涂料。其特点是环保性能好，效果多样，色彩任意调制，而且可以任意定制效果。

粉末涂料：这是一种新型的不含溶剂、100%固体粉末状涂料。其特点是无溶剂、无污染、可回收、环保、节省能源和资源、减轻劳动强度和涂膜机械强度高，是目前比较环保的涂料。

（2）确定涂料的性能和质量：简介如下。

看外包装和环保检测报告：正面标注商标、净含量、成分等。注意生产日期和保质期，保质期1年到5年不等。检测报告对挥发性有机化合物（VOC）、重金属含量都有标准。国标：VOC不超过200克/升；游离甲醛不超过0.1克/千克。

掂分量：一般来说，5升约为7千克；18升约为25千克。正规品牌乳胶漆，晃动听不到声音，反之黏度不足。

开罐（桶）检测：质量好的涂料应为黏稠、呈乳白色的液体，搅拌均匀，无异味，否则涂料可能有质量问题。

11　墙面画如何挂装、搭配

墙面画是客厅、卧室等空间必不可少的装饰，它体现了居室主人的品位和爱好，墙面画的不同挂装、搭配技巧，可产生完全不同的效果。

（1）墙面画挂装小技巧：可根

据不同的情况灵活选用。

搁板衬托法：不用再担心照片会挂得高低不一，用搁板来衬托照片，还可以常换常新。

放射式挂法：选择一张您最喜欢的画为中心，再布置一些小画框围绕呈发散状。如果照片的色调一致，可在画框颜色的选择上有所变化。

建筑结构线挂法：比如沿着楼梯的走向布置装饰画。

方框线挂法：混搭的手法不单单使用在纺织品上，在装饰画上同样适用。不同材质、不同样式的装饰品，构成一个方框，随意又不失整体感。混搭的手法尤其适合于乡村风格的家！

中线挂法：让上下两排装饰画集中在一条水平线上，灵动感很强，选择尺寸时，要注意整块墙面的左右平衡。

水平线挂法：下水平线齐平的做法，随意感较强。照片最好表达同一主题，并采用统一样式和颜色的画框，整体装饰效果更好。

重复挂法：在重复悬挂同一尺寸的装饰画时，画间距最好不超过画宽的 1/5，这样能具有整体的装饰感，不分散。

均衡挂法：装饰画的总宽比被装饰物略窄，并且均衡分布。照片建议选择同一色调或是同一系列的内容。

对称挂法：这种挂法简单易操作。最好选择同一色调，或是同一系列的画，效果最好。

（2）出其不意的搭配：可根据自己家中的实际情况灵活选用。

组合式：这种装饰方法，由一组画构成装饰效果，装饰中心是一幅主画，这样能起到突出中心、主次分明的视觉效果。

错落式：这是以错落的画框来装饰墙面的方法。画框大小凭借几何图案的原理，既突出整体的效果，又具有单个叙述的功能。

平行式：以平行排列方式的图案来起到装饰效果，简洁明了，爽利

干脆。当然排列方式可变,既可平行,也可竖挂,总之这种方式在构图上含有古典的对称工整的意味。

架子式:做一个现代博古架(上图)安装在墙面上,强化墙面的装饰作用。博古架形状可以是传统的,即多边的、多变的;也可以是现代的,即边线统一、拒绝变化。

 12 居室如何布置更温馨

我们每个人都想要一个温馨的家,而家的温馨氛围,大多体现在色调、材质、布艺装饰等方面。我们可以通过下面几种方法,达到这样的效果。

(1)对称平衡,合理摆放:要将

一些家居饰品组合在一起，使它成为视觉焦点的一部分，对称平衡感很重要。旁边有大型家具时，排列的顺序应该由高到低陈列，以避免视觉上出现不协调感。

还有就是保持饰品的重心一致。例如，将两个样式相同的灯具并列、两个色泽花样相同的抱枕并排，这样不但能营造和谐的韵律感，还能给人祥和温馨的感受。

另外，摆放饰品时前小后大、层次分明，能突出每个饰品的特色，在视觉上就会感觉很舒服。

（2）布置家居饰品要结合居家整体风格：先找出大致的风格与色调，依着这个统一基调来布置就不容易出错。例如，简约的家居设计，具有设计感的家居饰品就很适合整个空间的个性；如果是自然的乡村风格，就以自然风的家居饰品为主。

（3）不必把家居饰品都摆出来：一般人在装饰布置时，常常会想要每一样都展示出来。但是饰品摆放太多就会显得杂乱，应该先将家里的饰品分类，相同属性的放在一起，不用急着全部展现出来。分类后，就可依季节或节庆日来轮换布置，改变不同的居家心情。

（4）从小的家居饰品入手：摆饰、抱枕、桌巾、小挂饰等中小型饰品是最容易上手的布置单品，布置入门者可以从这些先着手，再慢慢扩散到大型的家具陈设。小的家居饰品往往会成为视觉的焦点，更能体现主人的兴趣和爱好。可以在窗前挂一串风铃，自己动手做或买都行；室内还可摆一些自己喜欢的盆景或鱼缸，能使室内空气湿润，避免干燥。

（5）家居布艺是重点：每一个季节都有属于不同颜色、图案的家居布艺，无论是色彩炫丽的印花布，还是华丽的丝绸、浪漫的蕾丝，只需要换不同风格的家居布艺，就可以变换出不同的家居风格，比换家具更经济、更容易完成。

家饰布艺的色系要统一，使搭配更加和谐，增强居室的整体感。

家居中硬的线条和冷色调,都可以用布艺来柔化。春天时,挑选清新的花朵图案,春意盎然;夏天时,选择清爽的水果或花草图案;秋、冬天时,则可换上毛茸茸的抱枕,温暖舒适。

(6)花卉和绿色植物带来生气:要为居室带进大自然的气息,在家中摆一些花花草草是再简单不过的方法,尤其是换季布置,花更是重要。不同的季节会有不同的花,可以营造出截然不同的空间情趣。

⑬ 客厅小摆件如何发挥大作用

我们通常会有许多不常使用的小摆件,平时收纳在橱柜中,不久就被遗忘了。其实,不要小看这些小东西,摆放得恰当,可以达到意想不到的效果。

(1)适当点缀:不大量摆设物件,也不放太多应景的饰物,有时空间的留白更可以衬托出主体的气氛。

(2)旧物新用:家中原有的家居用品有时只要稍微装扮一下,或加点配饰,又可产生一种新面貌。

例如旧家具根据现在的装饰风格套个色或加块新桌布等,又可和新家融为一体。

(3)保持简洁:可购置收纳式储藏柜,使空间具有更强的收纳功能,这样居室会显得洁净宁静。

(4)节制大家具:少用大型的酒柜、电视柜等,以使空间的分割单纯化。如果大件家具十分需要,则往角落放置为好。特别是沙发的选用要谨慎,稍不留神就会占去半个客厅。

（5）利用立体空间：如将木板钉于墙壁面，即可收纳 CD 等杂物。也可以将墙面挖出一小块空间，在不破坏承重墙的情况下，利用这些小面积放置装饰物或者书籍等。

（6）客厅餐厅半开放：用具有储藏功能的收纳柜来分隔空间。特别是客厅和餐厅之间，最好能打通，在使用功能上可以得到互补。

（7）开门不占地：充分运用轨道式拉门的方便特点，以增加空间的机动性。这是小户型最喜欢的使用方式，但要注意轨道的承重，避免变形等状况。

（8）分隔模式灵活：妥善运用装饰布，既可营造温馨的居家空间，又可以根据当时潮流随时更换。比如，自天花板悬挂的布幔，不仅有效分隔空间，也可以在不用时拉起布幔而拓展空间。

（9）客厅多用途：可在客厅角落以简单的桌椅营建一个工作空间，再以屏风来遮挡桌椅。除了屏风之外，小柜子或者大型绿色植物也可以起到类似的作用。

（10）灵活储纳：多运用盒子的收纳性，将盒子贴上一致的包装纸，可灵活摆放在客厅的各个角落。既有装饰效果，又便于收纳杂物。

14 卫生间清洁有哪些小妙招

卫生间是最容易滋生细菌的地方，而许多人却长时间不进行打扫。马桶内壁细菌多达成千上万，马桶圈的细菌更加密集！浴室地面一个月不打扫,就会布满细菌。如果你现在觉得毛孔战栗,想要将卫生间的角角落落都打扫干净,但不知道从何下手,要注意什么,有什么小妙招吗?

(1)面盆清洗:陶瓷面盆可用旧的牙刷蘸取牙膏进行刷洗,随后用清水冲洗,面盆会恢复当初洁白的样子。玻璃面盆可使用海绵蘸取清洁剂清洗,不可使用硬性刷子、酸碱性化学药剂或溶剂擦拭刷洗,因为会在面盆表面形成细小刮痕,使它变得粗糙而容易沉积污垢。

(2)橱柜清洁:橱柜大多是木质材料,清洁时要使用酸性比较小的清洁产品,用软布擦拭。擦拭的时候要顺着木材的纹理,轻轻擦拭,防止出现擦花的现象。橱柜表面的清洁更要小心,以保持长久美观。

(3)马桶清洁:主要是马桶内外壁的清洁。

马桶内壁:平时可在马桶中放入一个洁厕宝,这样每次冲洗厕所时会对内壁进行一次清洁,有利于减少细菌的产生;在马桶内壁贴上报纸,将喝不完的可乐倒在上面,浸泡一个小时,再用马桶刷进行刷洗。

马桶祛黄:马桶用久了尤其是与地面的接缝处很容易变黄,可以用旧织物蘸上去污剂后,围裹在马桶的变黄处一段时间,再擦洗就容易多了。

旧袜子洗马桶:一般家庭都是使用刷子清洁马桶,但有时刷子并不能清除干净马桶的角落、缝隙中的污垢,这时可以用一根细棍子,绑上旧袜子清洁隐藏在角角落落中的脏东西。

(4)浴缸漂浮物的清除:每次洗澡的时候会发现浴缸里有些脏东西,如果是长时间不用浴缸,会发现有更多。你可以买一个或者自己制作一个网状的小网,最好是圆形的,像捞鱼一样去清除漂浮物。用破旧的丝袜替代小网也是一种好方法。

（1）使用除味肥皂：卫生间难免有异味,使用除味的肥皂,很容易把臭味给弄走的,而且这些肥皂还是装饰品呢!

（2）清凉油除异味：上完了厕所后一般人都会开窗散味,那么在窗户上可以放些除味的东西,例如清凉油就是很好的除味剂,而且还有清凉的功效。

15 厨房如何快速整理收纳

在厨房烹调美食的同时,也带来了各种不尽的烦琐,其实并不用因此而烦恼,这里就给大家详细地介绍几个厨房整理收纳的技巧,还厨房一片干净整洁的空间。

（1）扔掉所有不用的东西：你上次使用那些面团机、肉丸勺、曲奇模板,都是什么时候的了? 你知道这些小发明都是用来干什么的吗? 你真的需要它们吗? 如果你放弃这些,你就不用每次找所需东西的时候都要翻这么久,或者是费劲地找地方来存放这些工具了。

（2）替换掉不能使用的东西：如果锅的把手总是滑动,水龙头总是堵塞,或者平底锅总是烤焦食物,那就赶快修好或者换一个!

（3）把常用的物品放在方便拿的地方：注意一下你最常用的都是什么。要清楚自己一般在什么地方用它们。那些不常用的东西,比如你只在假日才拿出来的烤炉,可以放在高处的架子上，或者是柜子的后面。它们甚至可以放在厨房外边，放到车库、阁楼、地下室、客厅壁橱或者是床下的箱子里去。确保厨房里的每件东西都值得占据一块地方！

（4）清理出几个工作区：把有关的餐具、物品放在它们发挥作用的地方。以下是简单、普通的工作区划分，你可以按照这个顺序来收拾厨房。

食品储藏区：把你的冰箱看做这个区域的延伸。无论你把食材放在食品储藏室，还是壁橱、柜子或者随便什么地方，都不要忘了定期检查并清理那些太旧的东西以及没用的东西。

食物准备区：切肉板、小刀、量杯、勺子和搅拌碗都应该放在这里。

烹饪区：火炉、烤炉和配套器具放在一起。这个区域应该包括各种锅、锅垫、勺子和刀（用具罐很适合使用）。

清洁区：水槽、洗碗机以及周围的东西。如肥皂、手套、洗盘子用的盆、干燥器、清洁剂、毛巾，等等。

厨余处理区：在方便的地方放一个垃圾桶，放一个可回收箱和一个肥料箱。尽量把它们放在中间，但是别挡路。它们应该放在清洁区和食物准备区附近。

（5）清理料理台：集中精力来减少料理台上的常驻物品的数量。料理台需要定期清理，这是你的主要工作地点。为那些零碎小玩意以及任何不需要放在那里的东西另找安身之处。

小贴士

（1）除非你刚刚搬家，否则不要试着一次就把整个厨房都整理好。你会把东西弄得四处都是，然后感到挫败。你应该一次只整理一个抽屉、一个架子或者是一个柜子。

（2）如果你家里有小孩，别忘了安装儿童安全设施，特别是柜子角。确保小刀、酒精和清洁剂都放在安全的地方。

小户型阳台由于面积较小，要么与卧室相连，要么与厨房相连，常常被主人用作储物的空间，或放置洗衣机、鞋子等物品，久而久之，若不加以整理，本来狭窄的阳台就更显凌乱不堪了。因此，为充分利用小阳台的空间，可以通过重新划分区间功能来作调整。小户型阳台设计要怎么做才能充分利用有限的空间呢？下面为大家介绍几种小阳台的设计技巧。

　　（1）小阳台与居室连成一体：无论小阳台与卧室还是与厨房相连，为了能有效利用空间，最好是将其与居室打通而连为一体，只需用落地窗与外界隔开，以获得较好的私密性和装饰效果。如果装修时把小阳台与卧室的地面铺成一色的地板，则会令空间增大不少。

　　（2）阳台变书房：居室面积小，

一般都不设有单独的书房或工作间，如果把阳台与居室打通，阳台就可以成为崭新的书房而加以利用了。在靠墙的位置装上层层固定式书架，再放上一张小巧的书桌，用心爱的窗帘阻隔室外的喧嚣，夜晚就可以伴着柔和的台灯，阅读自己钟情的书了。

　　（3）阳台成为第三洗理区：如果阳台与厨房相连，那么最好是在阳台的犄角位置，设置一个储物柜用于存放不常用的物品等。另外，还可以把阳台改造成家里的第三洗理区。所谓第三洗理区是针对已有的卫生间和厨房两大与洗涤有关的空间而言，我们可以根据家庭中的特殊洗涤需要，把清洗抹布、晾晒衣物等家务移至阳台进行。

　　（4）阳台改造成休闲区：阳台作为室内向室外的一个延伸空间，

是房主人摆脱室内封闭环境，呼吸室外新鲜空气，享受日光，放松心情的场所。因此，根据阳台面积大小，稍加装饰就能使阳台满足主人追求惬意生活的需要。比如采用装饰性强的小块墙砖或毛石板作点缀，也可以用质感丰富的小块文化石或窄条的墙砖来装饰墙壁（下图）。阳台要集休闲、实用功能于一身，既方便主人观景、闲坐，又得考虑收纳杂物之需，采用折叠式设计的桌椅及吊墙的储物柜应该是最适合小阳台了。

（5）阳台打造成健身场地：在卧室阳台内安放一个小型的健身器，每天花上一点时间锻炼身体也是一个不错的选择。卧室阳台的空间并不大，因此要根据阳台的具体尺寸来选择是否能容下一台健身器，如果不能的话，也可以选择铺上瑜伽垫等小型的健身器材。

阳台可以根据实际面积大小种上些绿色植物、花卉,如常青藤类的植物在夏天攀爬于阳台上,显得生机盎然,不仅起到了装点墙面的作用,还有利于人体健康。为了使阳台更富于情趣,不妨把游山玩水时带回来的各具特色的小饰品挂于侧墙上,一个小小的陶瓷壁挂,或用草、麻、苇等编织成的工艺品都可以提升阳台的韵味。

17 家电摆放有哪些常识

随着科技的发展,各种各样的家用电器越来越多,这些家电大大地方便了我们的日常生活,成为我们生活中不可缺少的一部分。如果家用电器的摆放位置只考虑方便,忽略细节问题,摆放不正确,不但会影响家电的使用寿命甚至会对人的身体产生不好的影响!还是来关注一下常用家用电器的摆放技巧吧!

(1)电视机:电视机的旁边,不要摆放花草盆栽。一方面,电视机的辐射,会影响花草植物的正常生长,导致植物枯萎死亡;另一方面,给植物浇水,盆栽里的潮气会侵入电视机,影响电视机的正常使用寿命。

电视机不要和大功率的音响、电风扇放得太近,因为音箱和电风扇工作时会产生振动,这种振动会干扰电视机的信号接收,甚至影响电视机的使用寿命。

电视机前若是放沙发，那么它和沙发之间的距离要保持在 2 米以上。离得太近，不仅会严重损害视力，身体还会被电视机工作时产生的辐射影响。

（2）空调：空调的安放位置，对它带来的舒适度有很大的影响。

客厅柜式空调的摆放，要注意不能直吹到沙发座位，它的朝向不宜正对着客厅，同时要注意避开儿童容易触碰到的地方。

卧室里空调的摆放，一定不要正对着床的位置，空调对着床，风会直吹到人身上，很容易引起头疼、风湿等健康问题；也不要将空调安放在床头，这样空调产生的冷凝水可能会给生活带来不便。实在避免不了，可以买空调挡风板来调节风口。

（3）洗衣机：现在家庭里的洗衣机，大多是放在卫生间里，这样并不十分正确。一般来说，卫生间空间并不大，将洗衣机放在卫生间内，就显得整个空间更加拥挤了。

卫生间里环境潮湿，洗衣机长时间处在这样的环境中，它的铁皮很容易遭到锈蚀，内部的电动机和电器控制部分也会受到卫生间潮气的侵袭。这些都容易导致洗衣机在使用时出现功能故障，也会影响到洗衣机的使用寿命。有的家庭将洗衣机放到厨房，也同样要面对这些问题。若有可能，洗衣机可放在阳台内。或者在洗衣机周围放置除湿剂也是一个解决方法。

（4）厨房电器：厨房里常使用的电烤箱、电饭煲等电器，都是大功率的电器，这些电器在放置时，最好不要离插座太远。如果家电离插座太远，那么家电的电线就会露出很长一段来，经常移动、摩擦，极易损伤电线外皮，导致外皮老化、脱落甚至会有触电事件或是火灾发生。

三、居家清洁

任何物品若是不注意清洁都会出现脏乱的现象,金属产品也会生锈或有其他表现。

因此,金属水龙头的清洁也是很重要的。那么,我们要如何进行清洁呢?也就是说,清洁金属水龙头有哪些妙招呢?

(1)清洗金属水龙头表面的雾状物及发毛物:金属水龙头在长期的使用过程中出现雾状物或表面发毛物,是因为水垢附着在金属的表面,所以我们的任务就是去除水垢。

清洗方法:先挤少许牙膏在金属水龙头上,再用废旧牙刷轻轻地刷洗,用水冲干净。

用旧丝袜摩擦水龙头,再用橘子皮在金属表面打磨一遍。因为橘子皮含有果酸,能使水龙头光洁如新。

(2)清洁金属水龙头上的水渍:可以用面粉摩擦,然后用水将面粉冲掉,再用软布一擦,就会光亮如新。

也可以到一些较大的综合性超市,在洗涤货品区买专门去除金属制品水渍的洗涤剂,包装的大小、外观和一般油污洗涤剂差不多,也有喷雾包装。

(3)去除金属水龙头上的水锈:有些金属水龙头用久了也会生锈,面对这种情况,我们可以使用土豆皮去除锈斑。

清洁方法:用削下来的土豆皮肉的一面,反复擦洗金属水龙头表面,然后用清水洗干净。

如果没有土豆的话也可以使用白萝卜皮,同样可以达到相同的去锈效果哦!

另外,可能还有其他小妙招,也请老年朋友们平日注意收集和挖掘。

　　金属水龙头的日常养护需要注意以下几个方面。①如果安装好的水龙头长期不用,最好将水龙头擦干净,用布盖好。②水龙头应尽量不要与硬物磕碰,也不要将水泥、胶水等残留在表面,以免损坏表面砂纹。③开关水龙头不要用力过猛,顺势轻轻转动即可,特别是不要把手柄当成扶手来支撑或使用。④水龙头应定期擦拭,以防止水滴干后留下水印。⑤浴室淋浴用的莲蓬头下的金属软管应保持自然舒展状态,不用时不要将其盘绕在龙头上。同时,在使用或不用时,注意软管与阀体的接头处不要形成死角,以免折断或损伤软管。⑥当使用一段时间后水量变小了,请注意清洗滤嘴。

⑲　清洗窗帘有省力方法吗

　　窗帘家家都有,除了装饰,最重要的作用是遮光。因为窗帘太厚重,很多人忽略窗帘的清洁,一挂就是一年甚至更久,也不定期清洗。其实,窗帘离窗口最近,外界的灰尘最先到达窗帘。如果长年累月悬挂不清洗,上面沾染了大量的灰尘及尘螨,尤其是深色的窗帘,如果室内通风差,或者墙面潮湿,还容易滋生真菌等。那么应该怎样清洗窗帘呢?

（1）窗帘清洗四步法：可分为四个步骤。

第一步，拆卸窗帘。拆卸窗帘前要使用鸡毛掸和吸尘器仔细清除窗帘表面灰尘。可使用专业工具拆卸窗帘，不要用蛮力拆下窗帘布。

第二步，浸泡窗帘。窗帘浸泡时应根据材质选择洗涤剂，一般建议使用中性洗涤剂浸泡窗帘，含酸性或者碱性洗涤剂都会对窗帘内部纤维材料造成一定损害。不同窗帘材质浸泡时间也不一样，一般浸泡15～60分钟。在浸泡时如果采用温水浸泡，可以减少浸泡时间，也更容易清洁。

第三步，洗涤窗帘。含绒布、丝质面料及一些高档纤维布料的窗帘都不适合使用洗衣机，最好手洗或者送去干洗。因为这类面料纤维较细，如果洗衣机洗容易造成纤维断裂。

第四步，晾晒窗帘。大家平时晾衣服也都知道衣服的颜色在洗后直接暴晒会脱色，而且晾衣服也基本反过来晾。窗帘像衣服一样，洗涤后如果长时间暴晒在阳光下也容易褪色，所以尽量选择在阴凉通风处进行晾晒，让窗帘自然晾干。

还要注意的是，洗涤时尽量将花边等窗帘装饰物拆掉分开洗涤，防止损坏或者洗不干净，窗帘尽量不要使用甩干机，会出褶子，使其自然晾干最好。

（2）几种常见窗帘的清洗方法：不同的窗帘需要使用不同的清洗方法和清洁剂。

百叶窗帘：清水＋鬃毛刷。要把窗帘全部关好，用温抹布擦洗干净即可，能保持一段时间的清洁光亮。如果窗帘较脏，可以先用温水加点清洁剂，用抹布擦干净，也可用少许氨水溶液擦抹除污。

滚轴窗帘：湿布＋细棍。将窗帘拉下用湿布擦洗。而滚轴通常是中空的，可用一根细棍，一端系着绒毛伸进去不停地转动，可简单除去里面的灰尘。

天鹅绒窗帘：中性清洁液＋平

放晾晒。天鹅绒窗帘很容易变形，在清洁窗帘的时候，先浸泡在中性清洁液或碱性专用清洁剂中，用手轻压除去窗帘表面的污渍，洗净后的窗帘放在斜式晾衣架子上，使水分自然滴干。

静电植绒布窗帘：酒精＋棉纱布。静电植绒布窗帘绒面吸尘力比较强，平时可用吸尘器清洁，小块污迹可用棉纱布蘸上一点酒精轻轻擦拭。如果比较脏，拆洗前最好先拿到户外抖一抖，把表面的灰抖掉，再放入有洗涤剂的温水中泡 15 分钟左右，不可以浸泡在水中揉洗、刷洗、

拧绞，以免绒毛掉落，影响美观，可用双手挤压掉水分，让其在斜式架子上自然晾干，可保持植绒原来的质感。

棉布、涤纶布料窗帘：清水清洗。棉布、涤纶作为市面上最为普通的布料，这些窗帘材质比较耐用，平常可用湿布擦洗，如果需要清洗的话，可以直接用清水加洗衣粉清洁。

帆布或麻布的窗帘清洗：先用温水冲化肥皂水或者氨水溶液，用海绵蘸上液体进行擦抹，晾干后卷起来就可以了，这种方法省时省力，效果也很好。

 20 清洁地板有哪些妙招

目前市面上有各种各样材质的地板，不同的地板清洗方法不同，这里为大家介绍各种地板的清洗方法，主要包括木地板、瓷砖地板、大理石地板、混凝土地板，你家用的是哪一种地板呢？大家快来对号领取

自己的专属地板清洁小妙招吧!

(1)木地板清洁:木地板主要包括实木地板、复合木地板、强化木地板等,其实这三种地板清洗的方式都大致相同,主要是把握好以下几点。

木地板的清洁一定要注意用干燥清洁法,最忌讳的就是用湿拖把拖地。一定不要用过多的水去清洁地板,而且也不要用肥皂水、碱水等带有刺激性的液体去拖地板,否则木地板容易发霉腐烂。

最好的方法是先用笤帚或吸尘器来回清扫地面,再将抹布或者拖布用水浸湿之后拧干,对地面进行来回擦拭,如果遇到难以清洁的污渍,不要用过硬的钨丝、砂纸或者刷子去刷地板,以免破坏面漆形成刮痕,可以用软毛毛刷去清理沟缝污渍。

可采用现在市面上专门针对木地板的清洁剂,可以有效清洁和保养地板,增加木地板的质感。可将清洁剂直接按说明比例倒入水中稀

释,再按上述方法清洁地板。

(2)瓷砖地板清洁:瓷砖包括釉面瓷砖和无釉面的瓷砖,这两种瓷砖清洗的方法大同小异。

日常清理瓷砖,可以使用清水或者肥皂水来配合清理,但是要避免用酸性的洗液来清理瓷砖,不然容易造成瓷砖变黄。

如果遇到难以清理的污渍,要避免直接用硬刷子和砂纸摩擦瓷砖表面,以免划伤瓷砖表面,还要判断一下瓷砖是否出现小裂缝了。

可以使用专门的瓷砖清洁剂来清洁瓷砖,这样可以让瓷砖更加耐用和美观。清洁完毕之后可以对瓷砖进行保养,用专用蜡均匀涂抹在瓷砖上,再用软材料上光。

无釉面瓷砖地板一般需每年脱蜡和重新打蜡一次,脱蜡之后要用清水冲洗干净,以免打滑。

(3)混凝土地板清洁:混凝土地板多用于车库地板,由于混凝土吸污能力较强,所以比较难清洁干净。清理未密封过的混凝土地板

时,要先用扫帚扫去表面的灰尘,然后再用强力多功能清洁液兑水冲洗,之后让地板自然风干即可。

（4）大理石地板：大理石地板,用清水清洁即可,要防止用含有酸性或者碱性的液体清洁,在用温水清洁了之后擦干地板,可以让其更有光泽。

21 如何去除烤箱油渍

一般烤箱内部的油渍是非常不容易清洗的,清除烤箱内部油渍也是最让人头疼的事情。下面我们一起来看看烤箱内部去油渍的诀窍吧!

（1）烤箱内部油渍清洗：这的确是有些讲究的。

制作清洁剂：在小碗中加入1/2杯的小苏打和3汤匙的水混合均匀,直到两者呈现浓稠的膏状,足以用来涂抹;也可以自行调整比例,只要稠度足够即可。

用海绵布或牙刷蘸取已制作好的清洁剂,彻底刷洗烤箱内部的脏污和油渍,记得避开加热管。四周全部刷过后,将烤箱静置一晚,让小苏打粉慢慢分解油腻物。

隔天用湿抹布擦拭掉烤箱内部的小苏打清洁剂和已分解的油腻物,可以使用塑胶或硅胶刮刀深入烤箱内部清洁;接着在喷雾瓶中倒入适量的白醋,喷洒在烤箱内仍残留小苏打的地方,两者结合后会起泡,再用抹布擦干净。白醋除了能够除去异味,也有消毒的作用,它和小苏打是环保清洁剂的最佳拍档!用湿抹布擦拭加热管,再用干布把水分完全擦干,确认烤箱内没有残留液体即可。记得一定要完全擦干再插电使用,避免损坏!

(2)清洁烤箱器具:烤盘、烤架和集屑盘等器具要单独清洗。

烤架:在洗碗槽或盆中放满温热水,加入洗涤剂后,将烤架放入浸泡半个小时以上,帮助去油、分解污垢;之后再用刷子刷洗掉焦垢、油渍即可。若焦垢太厚、太硬,可以把铝箔纸卷成球来刷洗,就能比较容易地除去顽垢,冲洗干净后沥干再放回烤箱内。

集屑盘:平常只需要定期取出集屑盘,倒出食物碎屑,再用刷子把细小的食物残渣扫干净即可。若集屑盘也累积了油垢,可以和烤盘一起放入清洁剂中浸泡后再行清洁。

小贴士

如何选购心仪的电烤箱呢?

第一,操作是否方便简单是选购烤箱时最先要考虑的一个因素。现在的电烤箱操作部分一般有按键式和触摸式两种,按键带微显屏幕的电烤箱的操作参数比较直观,但按键寿命有限。触摸式面板的电烤箱则使用寿命更长。所以建议大家选择方便操作且性价比更高的触摸式设计型。

第二,选择能精确控温的电烤箱。烤箱烘烤出的食物的口感好坏主要取决于温度的准确度,可以精确控温的电烤箱成为我们的不二之选。温差控制在5‰以内的电烤箱能够烘烤出口感最佳的食物。不过,能够做到如此精确控温的电烤箱价位都会比较高,尤其是进口品牌价格较高,所以建议可以选择信得过的国产品牌,质量不错,且性价比非常高。

用得较久的电冰箱,里面不乏一些微小的细菌或者结霜。利用假期好好收拾一下冰箱,不仅让冰箱更洁净,也让家人的健康多一点保障。

(1)冷藏室清洁:给冰箱做清洁前,先切断冰箱电源,将冰箱内的食物拿出;然后将冰箱冷藏室内的搁架、果蔬盒、瓶框取出,注意这些都是易碎品,可要小心。用抹布蘸着混有洗洁精的水轻轻擦洗冷藏内胆,然后蘸清水将洗洁精拭去。清洁冰箱的"开关""照明灯"和"温控器"等设施时,应把抹布或海绵拧得干一些。清洗完毕后,用抹布擦干,或者放在通风干爽的地方,让它自然风干。

(2)冷冻室清洁:切断电源后将冷冻室内的抽屉依次抽出,冷冻的食品也可以不取出来。让冷冻室自然化霜,记得在冰箱底下垫些毛巾,防止冷冻化霜水流出把地板弄湿了。

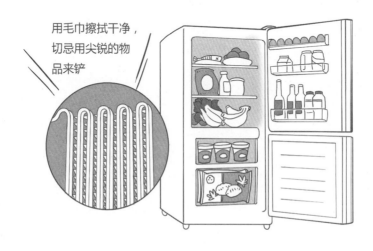

用毛巾擦拭干净,切忌用尖锐的物品来铲

冷冻室内的冰融化了,可以用毛巾擦拭干净,切忌用尖锐的物品来铲冷冻蒸发器板上的冰,这样容易铲伤蒸发器,导致冰箱故障。清洗完毕后将门敞开,让冰箱自然风干。

(3) 冰箱门封条等清洁:冰箱门封条一般是可拆卸的,拆卸门封条的时候不要野蛮拉扯,以免将门封条拽坏。门封条可用1∶1醋水擦拭,消毒效果也很好;用软毛刷清理冰箱背面的通风栅,用干燥的软布或毛巾擦拭干净。

(4) 整理复位:清洁完毕,插上电源,检查温度控制器是否设定在正确位置;冰箱运行1小时左右,检查冰箱内温度是否下降,然后将食物放进冰箱。

经过这套程序,冰箱清洁就大功告成了。是不是很轻松?

如何给空调"洗个澡"

停用了一个季节的空调,在越来越炎热/寒冷的天气里要开始再次被使用了。不过,使用之前,我们先要对空调进行一番清洗,这样才能保证健康和卫生。那么家用空调怎么洗呢?

空调机的清洗应该包括三个步骤:①先洗空调机体外壳和裸露部分,容易受污染的部件;②再洗过滤网部分,这是核心、最重要的部位;③最后清洗空调散热器,这是空调灰尘的主要集聚处。

空调清洗工具,可选干湿抹布各一块、专业空调清洗剂(超市有售)、刷子(可用废弃牙刷代替)等。

（1）清洗空调外壳：空调外壳清洗并不复杂，先将裸露在外部的机壳用湿抹布擦拭，需要注意容易附着灰尘的出风口等一些死角。在清洗时，先擦洗面板，用抹布轻轻地擦洗面板上的灰尘，对于连接处要多加留心，防止死角处灰尘的残余。空调左右两侧以及顶部位置都不容忽视。不过，不要用力过大地擦拭或按压面板，以免损坏面板表面。最需要重点清理的是空调的出风口、导风页，在长期的使用中，由于是空调出风处，所以在表面极易积存灰尘。

（2）清洗空调过滤网：打开空调面板后，首先映入眼帘的就是布满灰尘的过滤网，根据不同的型号，空调滤网也有所差异。在这里要提醒大家，并不是所有的滤网都可用清水清洗，有的仅需要擦去灰尘，阳光暴晒即可，而有的是需要在一定时间内进行更换使用。请根据说明书选择合适的方式。

（3）清洗空调散热片：拔掉空调电源后，使用专业的空调清洗剂反复喷淋散热片 2～3 次，建议上下喷淋，这样可以让清洗剂的覆盖更密集。在喷淋过程中需要注意喷头不要离散热片太远，以免喷溅到墙上造成额外的清洁负担。另外，需要注意不要忘了喷淋支架后面的和上面的部分。均匀喷淋散热片后，需要等待大约 5 分钟，让清洗剂充分溶解散热片上的灰尘并杀死附着的细菌。然后，安装好过滤网并盖上空调盖，连接上空调电源，空调运行 20～30 分钟，即可将散热片上的灰尘细菌清除干净。

小贴士

空调的清洗频次怎样才算合适呢？一般来讲，空调使用时段清洗 2～3 次是最为合适的，即：通常空调开机前清洗一次，空调开机中间时段清洗一次或空调关机时清洗一次。

掌握一些清洁小妙招，可以让你的家庭清洁工作变得省时又省力。特别是在对付一些顽固污渍的时候，使用一些简易的工具再配上简单的操作手法，就能将污渍轻松去除。

（1）纱窗的清洁：纱窗上落满灰尘后，一般是拆下纱窗，再用水清洗。这样做很麻烦，告诉你一个不用拆下纱窗就能将纱窗打扫得很干净的好办法：将废旧报纸用抹布打湿，再将打湿后的报纸粘在纱窗的背面，5分钟后，将纱窗上的报纸取下，你会发现潮湿的报纸上粘满了纱窗上的灰尘污渍。

（2）死角的去污：房间四周的角落或地毯和墙壁的接缝处，是最难打扫的死角，非常容易产生霉垢，可试着用旧牙刷清理刷净。如果遇到比较顽强的污垢，则可用废旧牙刷蘸洗涤剂刷除，再用水擦拭干净，保持干燥即可。

（3）飞扬的浮灰：用扫帚扫地时，若担心灰尘飞扬的话，不妨把报纸弄湿，撕成碎片后撒在地上。由于湿报纸可以黏附灰尘，便可轻松扫净地板。

若地板相当脏时，则可先用湿的抹布擦拭，再用干的抹布擦干净。

（4）挂钩残留：粘贴式挂钩虽然相当便利，可是一旦要拆除时，却得大费周折。此时，只要将已蘸醋的棉花铺在挂钩四周，使醋水渗入挂钩与墙面的缝隙中，几分钟之后，便可用扁头螺丝刀轻易拆除挂钩。残留的黏着剂也可用醋擦拭，清除干净。

（5）餐桌污渍：餐桌上有时会出现一圈圈的污渍，只要撒点盐，再滴点沙拉油，便能刷除干净。汽油或松节油也能去除，但为避免桌面脱漆，最好还是用盐擦拭，实在无法清除时，再使用上述清洁剂。

（6）去除茶垢和污垢：泡过茶的陶瓷或搪瓷器皿，往往沉积一层褐色的茶垢，很难洗净。如果用细布，蘸上少量牙膏，轻轻擦洗，很快就可以洗净，而且不会损伤器皿表面。

厨房的墙壁常黏附油烟而变得黏腻，如果条件许可的话，可用面包柔软的部分擦除，轻松省事。

（7）木质裂缝中的污垢：地板或木质家具时间久了之后会出现裂缝，污垢会充满其中。可将旧报纸剪碎，加入适量明矾，用清水或米汤煮成糊状，用小刀将其嵌入裂缝中，并抹平，干后会非常牢固，再涂以同种颜色的油漆，家具就能恢复如初。

（8）家具污渍：白色家具的表面很容易弄脏，只用抹布难以擦去污痕时，不妨将牙膏挤在干净的抹布上，只需轻轻对着污痕一擦，家具上的污痕便会去除。但注意用力不要太大，以免伤到漆面。

（9）烫痕：如果把热杯盘直接放在桌子上，漆面往往会留下一圈烫痕。可以用抹布蘸酒精、花露水、碘酒或浓茶，在烫痕上轻轻擦拭；或者在烫痕上涂一层凡士林油，隔两天再用抹布擦拭，烫痕即可消除。

（10）金属污垢：铝锅、铝盆、铝勺等铝制品上的污垢，可用食醋涂擦，这样擦过的铝制品既光洁照人，又不损伤其表层。

（11）茶渍：经常在茶几上泡茶，时间久了会留下难看的茶渍。可以在桌上洒些水，用平日收集的废锡箔纸来擦拭，然后用水擦洗，就能把茶渍洗掉。

（12）瓷砖接缝：挤适量牙膏在刷子上，纵向刷洗瓷砖接缝处；然后将蜡烛涂抹在接缝处，先纵向涂一遍，再横向涂一遍，让蜡烛的厚度与瓷砖厚度持平，以后就很难再沾染上油污了。

卫生间的镜子用久了，水汽、油脂、毛发很容易弄得镜面模模糊糊，影响使用效果，这时人们惯性地会用湿毛巾去擦，但擦过之后镜面上会留下干掉的水印，反而让镜面更加不清楚，那么镜子要怎么清洁才能重新光洁如新呢？

（1）轻松让镜子重现光亮：不要用打湿的手触摸镜子，也不要用湿布擦拭镜子，避免增加潮气侵入；镜子不能接触到盐、油脂和酸性物质，这些物质容易腐蚀镜面。

镜面要用柔软的干布或棉花揩拭，以防止镜面被擦毛；可用软布或砂布，蘸上些煤油或蜡擦拭；用蘸牛奶的抹布擦拭镜子、镜框，可使其清晰光亮。

洗浴前，可将肥皂涂抹镜面，再用干布擦拭，镜面上即形成一层皂液膜，可防镜面模糊。

用干抹布蘸适量洗洁精涂抹于镜面，均匀地抹开。洗洁精中含有的活性成分，能有效防止水蒸气在镜面凝结，能起到很好的防雾作用；也可使用有收敛性的化妆水或洗洁精。

用吸油面纸擦，效果不错。

（2）镜子的选择：目前市场上有防雾镜出售，主要是涂层防雾镜和电热防雾镜。前者通过涂层微孔阻止雾层；后者通过电加热使镜面湿度升高，雾气快速蒸发，从而形成不了雾层，但这种镜子其价格不菲。

就材质而言，镜子分为铝镜和银镜两类。我们在挑选镜子的时候，尽量挑选银镜，水银密度高，容易与玻璃紧密契合，不易进水受潮，可以长久使用，目前市场上出售的防水镜多是银镜。

玻璃制品是当下常用的家居用品之一，除了杯盘、花瓶等小物件，更有玻璃餐桌、茶几、吊灯等家具和饰品。晶莹剔透的玻璃材质的确有很好的装饰效果。但玻璃制品如何清洁保养呢？

（1）玻璃家具使用注意事项：玻璃家具在使用时，要放在一个较固定的地方，不要随意地来回移动，搁放东西时，要轻拿轻放，切忌碰撞，挪动时以推动底托移动为宜。

擦玻璃家具上的污垢时，可使用汽油或酒精等有机溶剂，最好使用目前市场上出售的玻璃清洗剂，切忌用硬利之物磨刮。

玻璃家具的放置，要避免潮湿、远离灶炉，要与酸、碱等化工试剂隔绝，防止腐蚀变质。

在运输玻璃家具时，要固定好底托上的脚轮，防止滑动损坏，搬运时要保持平稳，倾斜角度不可过大；不要随意摘除玻璃家具上有关的组合扣式胶皮条等部件。

（2）小型玻璃制品清洗技巧：不看不知道，用起来的确方便。

细沙子：粉刷墙壁时玻璃窗会粘上一些石灰水，要清除这些石灰痕迹，如果用一般的清水擦洗是比较困难的。因此，要用湿布蘸一些细沙子擦洗玻璃窗，便可轻而易举将玻璃清洗干净了。

煤油＋粉笔灰：在玻璃上滴点煤油，或用粉笔灰和石膏粉蘸水涂在玻璃上晾干，用干净布或棉花擦，玻璃既干净又明亮。

牙膏：玻璃家具用久了就会又脏又黑，可用细布涂牙膏擦拭，可使玻璃恢复洁净。

蛋白水：鲜蛋壳用水洗刷后，可得到一种蛋白与水的混合溶液，用它清洗玻璃,也会增加玻璃的光泽。

煤油或白酒:窗上玻璃有陈迹或油迹时,把湿布滴上少许煤油或白酒,轻轻擦拭,玻璃很快就会光洁明亮。

食醋:若玻璃上有油漆或污物,可涂一些醋在上面,待浸软后再用干净布擦掉。

旧报纸:用略潮湿的旧报纸擦拭。擦时最好是一面垂直上下擦,另一面左右水平擦,这样容易发现漏擦的地方。

酒精:先用温水冲洗一遍,再用湿布蘸少许酒精擦拭,玻璃会特别明亮。

27 如何选用衣物洗涤剂

作为人们日常生活的一种消费品,洗涤用品可以说人人都离不开。但洗涤用品种类繁多,目前市场上的洗衣粉,按泡沫分为高泡洗衣粉和低泡洗衣粉,按使用浓度分为浓缩洗衣粉和普通洗衣粉,按是否含有磷酸盐分为含磷洗衣粉和无磷洗衣粉,按功能分为普通洗衣粉、加酶洗衣粉、漂白洗衣粉(见下页图),等等,我们可根据不同的需要来选择。

(1)浓缩洗衣粉和普通洗衣粉的主要区别:在洗衣粉国家标准中,洗衣粉分为 A 型(普通洗衣粉)、B 型(浓缩洗衣粉)。在测试中发现,浓缩洗衣粉的用量减半其清洁效果比普通洗衣粉更好。因为同样体积的浓缩洗衣粉重量比普通洗衣粉重,体积也压缩了。浓缩洗衣粉中有效活性物含量高,洗涤力更强。

(2)机洗用什么洗衣粉:用洗

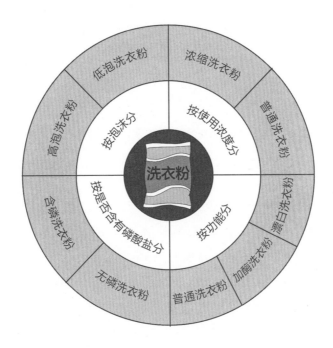

衣机洗涤最好采用低泡浓缩洗衣粉,因为用高泡洗衣粉容易使泡沫溢出。另外,泡沫会减少衣物间的机械摩擦,从而影响洗涤效果。

（3）泡沫和去污能力的关系:没有直接关系。泡沫并不代表去污力,因为很多表面活性剂具有较好的发泡性,也有一些表面活性剂泡沫很少,因此制造出了泡沫高低不同的洗衣粉。为了满足消费者的使用习惯,手洗时一般建议使用高泡洗衣粉。

（4）什么是无磷洗衣粉:洗衣粉中的磷酸盐是洗涤作用的重要助剂,也是一种营养物质,过量的营养物质会引起藻类浮游微生物的过量繁殖,造成水污染。因此,为了保护环境,目前的洗衣粉（液）均是无磷的。

（5）加酶洗衣粉有什么特点:加酶洗衣粉是指含有生物酶制剂的洗衣粉。蛋白酶可去除衣服上黏附的血渍、奶渍、尿渍及汤汁等来自食物中的蛋白类污垢。蛋白酶因品种不同,效果也不一样。如低温蛋白酶就具有在低温下发挥作用的效果,而大多数蛋白酶需要较高的洗涤温度才能发挥较好的作用。

　　(6) 液体衣物洗涤剂的优点:

液体衣物洗涤剂主要分为弱碱性和中性两类,前者用于洗棉、麻、合成纤维等材质的衣物,后者洗毛、丝材质的衣物,它们都具有溶解速度快,使用方便的特点,产品的碱度相对洗衣粉来说比较低,性能比较温和。

小贴士　　衣物洗涤中,漂白水也是一种很好的洁衣用品。目前,衣物用漂白水有以下几种。①洁衣用普通漂白水,对白色棉物沾有的汗渍、果汁、酱油、咖啡、茶、血、墨水等污渍具有漂白、杀菌的作用;②洁衣用彩漂液,对有色衣物上的汗渍、血渍、果蔬汁、茶渍、咖啡渍、酱油渍等污渍有漂除作用,同时让衣物色彩鲜艳。

28　居家除螨有哪些妙招

　　螨虫通常分为尘螨、粉螨等几大类,它是一种肉眼不易看见的微型害虫,螨虫广泛分布于居室的阴暗角落、地毯、床垫、枕头、沙发、空调、凉席等处,其中尘螨的分布最广、影响最大,螨虫的尸体、分泌物和排泄物都是过敏原,会使人出现过敏性皮炎、哮喘病、支气管炎、肾炎、过敏性鼻炎等疾病,严重危害人体健康。

（1）降低相对湿度：螨的生存条件为 20～30 ℃,相对湿度为 62%～80%。使用抽湿机和空调机,将相对湿度控制在 50% 以下,能有效减少螨的繁殖。

（2）用特殊防螨材料：用防螨材料制成的床垫和枕头,是避免过敏的有效方法。容易过敏的人买来新床垫后,不要撕去外面包裹的塑料布,这样也能减少过敏。

（3）每周用 55 ℃ 的热水洗一次床上用品：在 25 ℃ 的条件下,用普通洗衣粉洗 5 分钟,能去除绝大多数螨。如果温度高于 55 ℃,持续 10 分钟,可杀死所有的螨。

（4）冷冻物品：毛绒玩具或小件物品等,应该在 -20～-17 ℃ 的环境中冷冻至少 24 小时,随后再进一步清洗,也能有效杀死螨。在寒冷地区,冬天可以把床垫和枕头在室外放 24 小时。

（5）潮湿地区的家庭室内不要铺地毯：潮湿环境中的家庭室内不建议铺地毯,如果一定要铺地毯,应该每周吸尘一次,并经常更换吸尘器的口袋。切忌用蒸汽清洁地毯,这样会残留水分,反而促进螨虫生长。窗帘或遮光帘应换成百叶窗,家庭装饰织物应换为乙烯树脂或皮革垫,用木制家具。

（6）做好通风的工作：螨虫很喜欢潮湿、高温以及有棉麻织物或有尘灰的环境。因此,消灭螨虫的最佳武器就是干燥和通风。

想要彻底防治居室内的螨虫,一定要常常打开门窗,保持通风和透光。在夏季使用空调时也要注意室内的通风换气。

小贴士

药物防治螨虫也是好方法。常用杀螨剂有苯甲酸苄酯、尼帕净、虫螨磷等。但是选用杀螨药物时一定要仔细阅读说明书,掌握好浓度、用量、使用方法,避免对人畜的安全健康带来负面影响。

四、家电维修

空调可是家里无法缺少的几大件之一，尤其是炎热的夏季，摆脱酷暑的制胜法宝非它莫属。我国南方地区冬季没有供暖，或北方地区在秋冬之间的供暖前夕，不少家庭也借助空调制热来取暖。但只要是机器总会出现故障，学了下面这些小知识，今后出现问题就能自己搞定了。

（1）空调在正常工作时，会发出"咯咯"声：空调在运行时，由于温度的突然变化，导致塑料部件的热胀冷缩，并因此发出"咯咯"声，属于正常现象。

（2）设定体感比较舒适的温度：空调制冷时一般设为 26～28 ℃，使室内、室外温度差尽可能接近 5 ℃，最好不要超过 10 ℃。

（3）空调内机漏水是什么原因：制冷时，室内机有可能会喷水雾，这是因为空气湿度太大，而并非空调故障，可观察空气干燥时，是否也会有此现象，如没有则说明空调正常。

制冷时，出风口叶片处和管路上因冷热气混合会产生一些冷凝水，属于正常现象。

使用一年以上的空调夏季首次使用时由于过滤网脏，有可能会漏水，清洗过滤网后，再观察是否漏水。

外机出水管被堵，打弯，造成排水不畅，也可能漏水，如果方便可自行处理。

（4）制冷效果差，达不到设定温度：首先看遥控器的使用是否正常；其次，检查过滤网是否需要清洗，并注意房间大小，以及设定温度与风速是否合理。制冷时，房间隔热不好可用窗帘遮光。

（5）造成遥控器失灵的原因：电池电量不足或电池极性装反或更换电池后未复位；遥控器放置点是

否超出范围，是否有按键失灵、不复位等。

（6）刚打开空调时会有异味：可能是过滤网长时间没有清洗或者长时间没有更换空气清新网。新购机也会有异味，一般情况下是由空调自身的材料引起的。

（7）空调制冷时，室内风机一直不停：制冷时，无论室外机是否工作，只要开机制冷，室内风机就一直运转不停机，属于正常现象。

（8）夏季空调室外机不滴水：空调在工作时，温度低的机器会出现滴水现象，因此制冷时室内机会排水，室外机不排水属于正常现象。大部分空调在安装时都会将室内机的排水管引到室外，因此会误认为空调夏季制冷是室外机滴水。

 小贴士　遥控关闭后空调器为什么还在运转呢？因为现在大多空调都有防霉干燥功能，制冷运行关机后，室外机停机，室内机仍继续运转吹风。这样可加快蒸发器上冷凝水的蒸发，达到干燥防霉的目的。

㉚ 灯具频闪如何处理

灯具出现频闪是什么原因导致的？是灯具损坏还是其他原因？我们来了解一下灯具频闪的原因及解决方法吧。

（1）灯具出现频闪的原因：灯具出现频闪和驱动器有关，如果是优质的产品，驱动器用的是恒流电路，隔离直流电压输出，灯泡发光很稳定，不会有频闪。而市场上有一些质量比较差的产品，直接使用市电经过电容串联限流，倍压输出，这样灯具上不但有频闪而且还带电。买的时候用一张半透明的纸盖在灯具上就能看出是否有频闪，尽管肉眼直接看很刺眼，但是也能看出来。

（2）灯具频闪解决方案：灯珠（LED）与驱动电源不匹配，正常单颗标准 1 瓦灯珠承受电流 280～300 毫安、电压 3.0～3.4 伏，如果灯珠芯片不是足功率的就会造成灯光光源频闪现象，电流过高时灯珠不能承受就一亮一灭，严重时就会把灯珠内置的金线或者铜线烧断，导致灯珠不亮。

也有可能是驱动器坏了，只要换上另一个好的驱动器，就不闪了。

如果驱动器有过温保护功能，而灯具的材质散热性能不能达到要求，驱动过温保护开始工作也就会有一闪一灭的现象，例如：20 瓦投光灯外壳装配了 30 瓦的灯具，散热工作没有做好就会这样了。

如果户外灯具也有频闪——一亮一灭现象，那就是灯具进水了。后果就是闪着闪着就不亮了，灯珠和驱动器就坏了，驱动器防水做得好的话，就只是坏掉灯珠，更换驱动器即可。

小贴士 最简单的办法就是在灯光下将手的五指分开左右晃动，若灯光不是连续光，则可以看到手指在某一晃动速度下似乎是不动的，这也是闪光测速（测转速）的原理所在。

常用频闪指数来形容光源的频闪程度。频闪百分比和频闪指数越低,光源闪烁或者造成的频闪效应越少。

光 源 种 类	频闪百分比	频闪指数
白炽灯	6.3％	0.02
T12 荧光灯管	28.4％	0.07
螺旋管紧凑型荧光灯	7.7％	0.02
双 U 紧凑型荧光灯(电感镇流器)	37％	0.11
双 U 紧凑型荧光灯(电子镇流器)	1.8％	0
金卤灯	52％	0.16
高压钠灯	95％	0.3
直流 LED	2.8％	0.16
重度频闪 LED	99％	0.3

 31 宽带网络为何突然无法使用

宽带网络不能连接是我们使用计算机时经常会发生的事件。遇到这种情况,首先要确认是路由器的问题还是计算机的故障,或者是网络的原因。

(1)路由器的原因:应对方式

如下。

第一步，恢复一下出厂设置，把入户网线连接到路由器的 WAN 口。

第二步，用另一根网线一头连接你的计算机，另一头连接你的路由器上的 LAN 口（LAN 口路由上标有 1、2、3、4 的接口）。

第三步，打开计算机，打开浏览器，在地址栏里输入路由器登录 IP 地址。

第四步，在弹出对话框内输入路由器登录账号和密码，如果你不知道路由器登录 IP、登录账号和密码，你可以把路由器翻过来看一下，在路由器的背面有标示。

第五步，进入路由器设置界面之后，一般会弹出快速设置界面，你可以在此界面选择宽带网络拨号方式，输入上网账号和密码。

第六步，找到无线设置，设置你的无线 SSID、无线密码、无线信道。

第七步，设置完成后，保存退出并重启路由器。等路由器重启完成后，你的路由器硬件连接和设置就已经完成了。

（2）计算机的连接问题：应对方式如下。

如果计算机网络连接显示为黄色的叹号，网络是无法使用的，我们需要进行修复才能使用。

首先我们点击网络连接的图标，我们可以看到网络连接上有个黄色的叹号之后我们在选项中点击打开"网络和共享中心"，之后我们在里面点击"本地连接"。

然后我们在弹出来的窗口中，点击下面的属性按钮之后，我们点击 Internet 协议版本（TCP/IP）的选项，需要鼠标双击。

我们可以看到 IP 是手动连接的，可以点击成自动连接，点击确定保存设置。

这时，我们可以看到黄色的叹号消失了，这个时候网络就可以正常使用了。

除了上述情况，如果连接还是不成功，可以观察一下路由器的插座是否连接。另外，路由器过热等情况也会造成连接失败。

机顶盒是一种通过电视机和外部设备进行连接的一种设备,在使用的过程中它能够将信号转换成为电视机能够读取的内容,之后通过电视机进行画面的播放。

如果电视机机顶盒无信号了,电视机也就不能进行节目的播放了。那么如何才能解决电视机机顶盒无信号的问题呢?

(1)电视机机顶盒无信号的原因和检修方法:具体介绍如下。

检查机顶盒是否通电:机顶盒在使用的时候如果电视机没有显示出信号同时没有启动画面,可能是因为机顶盒的电源没有接通。平时在使用机顶盒的时候可能大多数人都会犯这个错误,就是忘记插上机顶盒的电源了。

如果机顶盒上的电源开关没有打开,机顶盒自然不能正常进行工作,

那么机顶盒也就肯定不会有信号。

机顶盒没有信号,如果问题不是出现在机顶盒的连接线或者是信号上,那么就说明机顶盒已经损坏,这时候大家就需要找售后服务人员了。

(2)AV 和 HDMI 信号不通畅怎么办:这一种现象通常出现在网络电视机顶盒中,如果在启动之后电视机屏幕上没有显示出机顶盒的启动图像,但是机顶盒的指示灯却已经亮起,之后电视机出现蓝屏同时无任何的文字提示,那么就表示电视机的信号源设置可能出现了问题。这时就需要重新设置电视机接入源,选择好 AV 或者是 HDMI 源。

目前,国内城乡居民家庭的有线电视已经大多实现数字转换,机顶盒成为不可或缺的电视机伴侣。做好机顶盒的保养维护工作也很重要。

生活中都离不开洗衣机。洗衣机确实很是方便，但有时洗衣服时，却发现洗衣机无法把衣服甩干，这是怎么回事？该如何处理呢？

（1）洗衣机甩不干衣服的原因，大体上有以下几点。

衣物不平衡：当洗涤物不能被调整到平衡时，洗衣机会自动设定一个低转速，在这种转速下，脱水效果自然会差。

开盖开关损坏：洗衣机在脱水时因为是高速动作，不能打开顶盖，所以在顶盖上有一个连动开关，一打开盖子电路就自动断开。如果其损坏，就无法脱水了。

衣物质地的原因：吸水性能较强的洗涤物建议使用高速脱水（部分高档衣物不宜选用高速脱水）。

排水系统堵塞：排水管内的洗涤液不能排出，或者排水管内泡沫过多，管内的洗涤液一时难以排净，水位开关不能复位，洗衣机不能进入脱水程序。

水位开关不能复位：洗衣机脱水程序是在洗涤液排净后，水位开关复位的条件下开始的。如果排水水位开关损坏，就无法进入脱水程序，自然就无法脱水了。

（2）洗衣机甩不干衣服的处理办法：首先检查安全开关。洗衣机接通电源，程序调到脱水状态，用手或工具把安全开关制动臂按到最低。如果用手或工具把安全开关制动臂按下后能正常脱水，说明安全开关的断电距离已偏低，此时应更换安全开关。

如果在脱水状态时，只有波轮转而内桶未转动，此时应检查牵引器是否已把离合器的棘爪和棘轮分离，如果没有，可能是排水阀上的调节杆螺母松动和磨损,导致打开距离不够,此时应重新调整调节杆的距离,使之能把离合器的棘爪和棘轮分离。

选择脱水功能,用万用表量一下牵引器(排水阀)的两个插件间有没有电压。有 220 伏,说明牵引器

(排水阀)坏了;没有 220 伏,说明电脑板坏了。

最可能的情况就是上盖没有盖好,盖子没有盖好的原因也可能是盖子里面的行程开关接触不良导致的。若洗衣机有显示屏,看显示屏有没有显示"E2"就能确定了。

我们还可以看洗衣机的底脚是否平了,前面的底脚可以调节高度,总之要将底脚调节到使洗衣机处于水平状态,这才能保证内筒重心在电机轴上,才能正常脱水。

34 燃气热水器罢工如何处理

当家中的燃气热水器出了问题以后,出水温度要么很低,要么忽冷忽热,要么干脆不能点燃,夏天还好,冬天要是遇上,那才真是麻烦。那么,使用燃气热水器过程中,通常

都有哪些问题,该如何解决呢?

(1)燃气热水器常见故障,大体上有以下几种。

燃气热水器是用水压来打开燃气通道的,当水压低于 0.02 兆帕时,

燃气热水器不能点燃属正常现象。

排水阀滴水是由于供水压力过高，排水阀起保护作用，卸水减压以保护燃气热水器，属正常现象。

同时多处使用热水，热水就会减少甚至难以供应热水。

使用过程中自动熄火，指示灯闪亮，表示已连续使用20分钟，是定时熄火安全装置起作用，此时如确认安装热水器的空间通风换气良好以后可重新启动热水器。

点火控制器设低电压保护，当干电池电压小于2.1伏时，无法点燃属正常现象，只要更换新电池，便可正常工作。

燃气热水器爆燃：指的是在点火的时候，会有很大的"砰"的响声，给用户心理造成很大压力。这个现象是由于气压不够造成的。第一次点火时，由于气压太低，导致未能成功点火，第二次进气，气量又太充足，所以会导致爆燃。

燃气热水器出水温度达不到设定值：热水器的温度无论调到多高，出水温度还是基本不变甚至忽冷忽热。出现这种情况的原因是机器的热负荷不够。以10升的强排机为例，其核定的数值是1分钟之内加热10升的水到25 ℃。但冬季气温低，而且普通用户家中的水压低，热水器出热水量达不到1分钟10升，一般是6～7升，加上进水温度低，所以温度只能加热到一定的数值。

（2）燃气热水器常见故障处理有几条建议，供维修时参考。

火焰黄色有烟出现：一是燃烧器内堵塞，处理方法是请维修人员清理燃烧器内的杂物。二是热交换器堵塞，处理方法是请维修人员清理热交换器内的积炭。

燃气热水器不能点燃：燃气的阀门没有打开，处理方法是把燃气阀门全部打开。

燃气管内有空气：处理方法是连续不停地开关热水旋钮直到点着火为止（注意：关热水旋钮后，应等5秒以上才能再开）；维修人员检查减压阀。

供冷水总阀未开：处理方法是把供冷水总阀打开。

水管冻结：处理方法是直到冻结处的冰融化后才能使用。

供冷水水压太低：处理方法是请维修人员检查水压。

35　选购插座有哪些注意点

插座是个不起眼的小物件，但就是这个小物件，使用或者安装不当会引发火灾。电器引发的火灾中80％是因为插座老化或使用不当造成的。

（1）插座的选购有以下几项建议。

看材料与外观质量：优质插座的面板所使用的材料，在阻燃性、绝缘性、抗冲击性和防潮性等方面都十分出色。还要检查一下插座夹片的紧固程度，插力平稳是一个关键的安全因素。三孔"万能插座"从2010年起开始禁用，因为这种插座接片与电器插头接触面积过小，容易使插片过热而导致火灾发生。新国标要求生产两极和三极插孔分开组合形式的插座（俗称新五孔插座），这种插座与插头的接触面积更大，接触更紧密，降低了触电隐患。

掂分量：购买插座时应掂量一下单个插座的分量。因为只有插座内部的铜片厚，单个插座的重量才会重。优质的产品因为大量使用了铜，不会有轻飘的感觉。

优质产品一定配有中文说明书：产品品名、品牌、技术指标等标注十分清楚，从安装到安全注意事项也一应俱全。

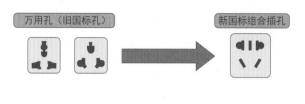

万用孔（旧国标孔）　　　新国标组合插孔

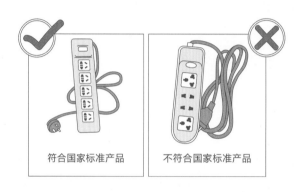

符合国家标准产品　　　不符合国家标准产品

最好有人性化设计：现在优质的插座，面板采用网格结构面板和加厚安装孔，可以有效避免安装面板时用力过大导致其变形。一些高档的产品还采用了透明底座。

看有无安全认证：合格的插座一定是获得国家认证和符合国际行业标准的。国产产品必须通过"3C"认证，一些国际品牌还应获得其他国家和国际性的安全认证。

（2）使用注意事项主要有以下几点。

开关插座不能装在瓷砖的花片和腰线上。因为花片和腰线都是瓷砖最易损的部位，如果剥落或开裂，会影响到插座的安全性。

开关插座底盒在瓷砖上开孔时，边框不能比底盒大 2 毫米以上，也不能开成圆孔。

装开关插座的位置不能有两块以上的瓷砖被破坏，并且尽量使其安装在瓷砖正中间。

插座安装时，明装插座距地面应不低于 1.8 米。暗装插座距地面不低于 0.3 米，为防止儿童触电、用手指触摸或用金属物插捅电源的孔眼，一定要选用带有保险挡片的安全插座。

电冰箱应使用独立的、带有保护接地的三眼插头和新五孔插座。

严禁自做接地线接于煤气管道上，以免发生严重的火灾事故。

卫生间常用来洗澡冲凉，易潮湿，不宜安装普通型插座，应选用防水型的，确保人身安全。

36 维修家电时要注意哪些骗局

我们在维修家电时，经常会出现各式各样的困惑和问题，有时竟然被骗后还被蒙在鼓里，不仅损失了钱财，维修后的使用安全更是令人担忧。那么，如何才能在维修过程中识破骗局，维护自己的权益呢？下面，我们就来学几招。

（1）家电维修时可能会遇到的骗局，大体上有以下几种。

小广告留一次性电话号码：市场上的家电维修 70％均是通过社区、楼道、家门口上的小广告实现的。为了

避免承担售后纠纷风险，很多家电维修点采取"一锤子买卖"。其印在小广告上的电话号经常变更，修完一次后下次再打，很可能就打不通了。

收据故意写错维修项目：家电维修结束后，消费者要索要收据，并确认收据内容，比如，明明是电视机的高压包坏了，维修人员在收据上就写成"电路板损坏"。如果没修好，下次拿着收据再来找他，他就会说，从收据上看，上次是电路板坏了，而这次是高压包坏了，这样便可

以顺理成章地再收维修费。

"暗渡陈仓"式"预留"故障：如果是初次接触，有些有"心机"的修理工会故意给你一些甜头。比如，向你展现热情的服务态度，初次上门先是收取较低的费用，但其实这都是"障眼法"。这样的维修工会在维修的过程中，趁你放松警惕不注意时"暗渡陈仓"，故意在你送去维修的家电上"预留"故障，让家电在不久后又出新的问题。

偷梁换柱，以次充好：一般的家电维修门店同时也回收旧家电，把几十块钱回收来的旧家电进行拆解后，将旧的零部件扫扫灰，用新的包装袋密封后就可以当新的卖了。而所谓"偷梁换柱"，就是在维修时偷偷把客户电器上价格昂贵、质量好、未损坏的零件换下来，换上廉价的或从旧电器上拆下来的零件，不知情的消费者只能被蒙在鼓里。

无中生有，小题大做：按下家电开关，如果电器不工作，这可能会是10多种原因造成的。由于大多数消费者不懂家电的维修，这就给修理工留下随意"发挥"的空间。明明是开关本身坏了，花10元换一个就好了，有些修理工可能会告诉你是集成电路板坏了，维修费得200元。

（2）如何才能不上当：这些内容挺关键，请老年朋友切实注意。

千万不要轻信楼道、路边的维修广告宣传。维修任何家电，一定要查验维修服务部是否有维修经营资质或经营证照。同时，可以找到相应的家电客服电话或到家电大卖场的品牌专柜询问。

在维修人员上门前，先问清楚收费项目、标准以及能否出具正规发票等事项，如果对方不肯明码标价、不能出具正规发票，尽量不要约请这种人员上门服务。

各品牌企业售后服务商的维修人员会穿着带有企业品牌或名称标志的工作服并佩戴证件，消费者在接受服务前要注意查验。接受服务后及时索要正规发票，如发现上当受骗，及时拨打举报投诉电话。

五、购物储存

你有没有打开过你的衣橱，被所有的杂乱淹没？你有没有发现放在衣柜里的东西都是皱巴巴的？对于喜欢整洁的人来说，收纳就是一门艺术，如何将空间利用到极致并收纳更多的东西也是一门技术。

（1）巧用衣柜格局，悬挂也要有秩序：不适宜叠放的厚重冬衣，一般来说怕挤压变形，最好是悬挂收纳来保存，如长款的皮衣和羽绒服。一般衣柜可以采取"拱形挂法"，也就是两面放长款中间放短款的冬衣，下面可以放置可叠放的衣物，叠放后衣物的高度从中间往两边降低，和垂直悬挂的衣物不少于 15 厘米的距离为宜。这种方式，不仅可以节省空间，上下相称的摆法也比较好取出，衣柜看起来很整洁。组合衣柜一般有高矮两个不同的挂衣空间，这样能保证长款和短款的冬衣可以按长度合理地分区悬挂。大衣的下方如有空间又可以存放鞋子、皮包等，或者是放几个收纳盒存放其他物件。

（2）巧用折叠法，储存更便利：适合折叠的衣服有针织衣物、棉质上衣、裤子、裙子和洋装等。衣服叠放时，可用一个 A4 大小的硬纸板，将它横向放在衣物背面中上方的位置，将两个衣袖依序折叠，再将衣服转至正面，抽出硬纸板即可，这样折叠的衣服大小一致，更容易摆放。叠放的衣服深色与深色相配，浅色与浅色相叠，避免衣服相互间染色之余，也便于寻找。内衣折叠时可以用卷寿司的方法卷起来收纳，既省空间又容易拿取。

折叠后，可以分深浅叠放在不同抽屉里，并收纳在衣物格中，防尘防变形；如果你的衣服多得实在没地方搁，可以先暂时收在家里不用的行李箱中。当然，如果家中空间实在有限，可配合真空袋、储物箱之类的工具一同使用，让悬挂的衣物更"苗条"，叠放的衣物更"隐形"，所需空间也就大大缩小了。

（3）随地构建空间，按属性放置：皮带、围巾的收纳，可以搭在衣橱横杆上、卷在格子里，或把挂钩粘在衣橱门上就可以用来挂皮带和围巾。要是觉得加上挂钩后空间还是不够用，可以先把衣架挂到挂钩上，再把皮带、围巾这些摆放到衣架上，这样放置的空间就扩大了。

帽子可以用闲置的盒子装好，摆在衣柜上层或顶端，防尘又不会压损。提醒一下，在收纳袜子的时候一定不要翻卷，以免使袜筒变形，最好是折放或者卷放。包袋要一个个按顺序摆放，不能挤压，怕损伤的皮包一定要用软口袋套起来，才能保存完好，小包则可以零散码放在大包前面；利用衣柜的一些边角剩余空间，可以见缝插针地码放各种包袋。

 38　水果如何正确存放

不同的水果其"个性"和"脾气"可不一样，要摸准它们的习性，才能让水果更水灵、更保鲜，最大限度地不损失营养成分。

香蕉：不宜入冰箱。在 12 ℃以下的环境储存，会加速其发黑。建议买香蕉时挑选稍生的。如果香蕉买来就成熟了，可吊起在阴凉处，能多放几天。

梨：用 2～3 层软纸分别包好，

将单个包好的梨装入纸盒，放进冰箱内的蔬菜箱中，一周后取出来去掉包装纸，装入塑料袋中，不扎口，再放入冰箱冷藏室上层，温度调到0℃左右，一般可存放两个月。

橘子：想放得更久，可将大蒜500克切片，加水煮沸，晾凉，把橘子放入水中泡几分钟，然后捞出存放，可保鲜3～5个月。还可将锯末放在纸箱的底部（约6厘米厚），将橘子底朝上放入，置于通风处，可保鲜3个月。

草莓：整齐装入罐中，用塑料薄膜封口，置于低温的阴凉通风处可放时间长一些。或用食品盒盛装，每盒500克，储藏于温度为零下1℃左右、相对湿度为85％～90％的冰箱中，可储藏7～10天。

水蜜桃：宜低温保存，冷藏温度为-0.5～0℃，相对湿度为90％。还可将经过预冷处理的桃子晾干水分后，用塑料袋装入冰箱储藏，温度控制在0℃，但冷藏时间不宜过长，否则果肉淡而无味。

柠檬：它是女性的夏季最爱，用它来自制饮品，清爽又美味，但通常一个柠檬一次用不了，若直接放进冰箱，既不卫生水分又易散发。你可以把切片后的柠檬放入制冰格中冷冻，做成柠檬冰，做饮品时直接放入，清凉又芬芳。如果想储存更久些，把切片后的柠檬放入密封容器，加入四大匙蜂蜜浸渍后放冰箱就可以保存一个月。

荔枝：荔枝甘甜多汁，却很不容易存放。将新鲜荔枝用报纸包住，放进塑料袋，再放进冰箱冷藏。冷藏过程中，报纸可能有少许的湿，不用另外换新的报纸，这样可保存四五天，荔枝颜色依然鲜嫩，肉质依然爽口。

葡萄：维生素丰富，但也易烂，挑选时应挑果粉明显，果蒂未干且未脱落的。适宜的储藏条件是温度为-1～0℃，相对湿度为90％～95％。如果想储藏更久，可用一口干净坛子，用干净布蘸70％的酒精擦拭内壁，把葡萄一层一层放入坛子内，层与层之间放上竹帘，装满后用塑料薄膜密封扎口,置阴凉处,可放较长时间。

猕猴桃:宜低温保鲜。它营养丰富,维生素C含量最高,但它的特性是"七天软,十天烂,半月坏一半"。它适宜在0℃的环境中保存,并且猕猴桃不能与苹果和梨一起储藏,因为苹果和梨都容易释放乙烯,会加速其果肉腐烂。

西瓜:宜放阴凉处或冰箱内保存,另可挑选表面光滑的成熟西瓜放入10%左右的食盐水中浸泡15分钟左右,然后装入塑料袋里密封好,置于阴凉处。此法可保鲜西瓜3个月。这样存放的西瓜保鲜期可延长数倍,并且西瓜表面色泽不变,味道甜润如初。

㊴ 冰箱储存食物有哪些小常识

冰箱里面并不是什么都能放的。有些时候放的东西不对会对身体健康造成极大的影响。

(1)储存食物的注意事项:具体情况介绍如下。

热的食物绝对不能放入运转着的冰箱内。

存放食物不宜过满、过紧,要留有空隙,以利冷空气对流,减轻机组负荷,延长使用寿命,节省用电。

食物不可生熟混放在一起,以保持卫生。按食物存放时间、温度要求,合理利用冰箱空间,不要把食物直接放在蒸发器表面,以免冻结在蒸发器上,不便取出。

鲜鱼、肉要用塑料袋封装,在冷冻室贮藏。蔬菜、水果要把外表面水分擦干,放入冰箱冷藏室,以0℃

以上温度贮藏为宜。

不能把玻璃瓶装液体饮料放进冷冻室内，以免冻裂包装瓶。应放在冷藏箱内或门档上，以4℃左右温度贮藏为最好。

存贮食物的冰箱不宜同时储藏化学药品。

（2）食品在冰箱中存放的温度和期限：各种食品由于所含的营养成分、水分、酸度、盐分及组织结构不同，保存的温度和期限并不一样，见下表。

食品名	冷藏时间	冷冻时间
鸡肉	2～3天	1年
鱼	1～2天	3～4个月
牛肉	1～2天	3个月
猪肉	2～3天	3个月
香肠	2～3天	2个月
面包	2～3天	2～3个月
苹果	2～3天	—
柑橘	1周	—
菠菜	3～5天	—
胡萝卜、芹菜	1～2周	—

（3）以下的食物不宜存放在冰箱中，举常见的食物为例。

香蕉：在12℃以下的环境贮存，会使其发黑腐烂。

鲜荔枝：在0℃以下的环境中放上一天，其表皮就会变黑，果肉就会变味。

黄瓜：在0℃的冰箱内放3天，表皮会呈水浸状，失去其特有的风味。

西红柿：经冷冻，局部或全部果实会呈水浸状软烂，表现出褐色的圆斑。

面包：最好不要放入冰箱，随着放置时间的延长，面包中的支链淀粉的直链部分慢慢缔合，而使柔软的面包逐渐变硬，这种现象叫"变陈"。

青椒：不宜久存冰箱。青椒在冰箱中久存，会出现"冻伤"，变黑、变软、变味。

厨房里使用保鲜袋或保鲜膜已经基本普及，但你知道怎样使用才能起到最佳效果吗？厨房如何巧妙使用保鲜袋或保鲜膜？

（1）在厨房使用保鲜膜或保鲜袋的妙招：具体有如下几条。

木瓜、橙子、西兰花、黄瓜、卷心菜等新鲜水果和蔬菜，用保鲜膜包裹或放保鲜袋后再放入冰箱能延长储藏时间。

西瓜、冬瓜等新鲜水果和蔬菜切开后，一次吃不完，放一两天后切面处容易腐烂，再吃时不得不切去腐烂部分，既浪费又不卫生。如果在切面处贴上食品保鲜膜，用手使其紧贴新鲜水果和蔬菜切面，尽量排出空气，放入冰箱能延长其储藏时间。

吃不完的剩菜等到完全冷却后覆上食品保鲜膜，放入冰箱既能延

长储藏时间，又能起到保护蔬菜中维生素 C 的作用。但热菜加盖保鲜膜不仅不能保护维生素 C，反而会增加维生素 C 的损失。

蒸鸡蛋羹时，打散鸡蛋，碗里加水，撇掉上面的沫子，然后在碗上盖上一层保鲜膜。这样蒸出来的鸡蛋羹就不会进去水分、有气孔，且表面光滑，口感细腻。

用微波炉加热出来的包子、馒头等一般都会比较硬。你可以先在盘子里少加一点水，放入包子、馒头等，上面盖层微波炉专用保鲜膜，加热出来的馒头就会变得松软可口。

（2）厨房保鲜膜清洁妙招：厨房墙面靠近油烟机和灶台的部分最容易粘上许多油污，清洁起来很费力气！如果在上面铺上一层保鲜膜，可保持很长一段时间，等上面布满油污时，只需将保鲜膜撕下，重新

再铺上一层新的保鲜膜即可焕然一新！保鲜膜呈透明状而且容易附着墙面，所以你不必担心影响厨房的美观哦！

41 家中药物存放有哪些误区？正确做法有哪些

一般家里都会储存点药，什么消炎药、止泻药、感冒药、止咳药及各种治疗慢性疾病的药物，特别是有孩子或老人的家庭！你平时会怎么保存这些药品呢？抽屉里、柜子里随便塞？一股脑全放小药箱？主要有哪些误区呢？正确做法有哪些？

（1）所有的药都放在一起：家里有个专门的空间存放药品，什么外用药、内服药、成人用的，小孩用的都放在一起，用的时候再找！这样做有三大危害。

不同的药物长期放在一起，在温度、湿度、空气等环境因素的影响下，可能会产生一系列复杂的生化反应，从而导致药物之间互相影响。

时间长了，有可能弄错了药物的用药方法，给人体带来伤害。

家长可能会把成人用的药错误地给儿童服下，或是剂量减半了给儿童服下！但有些成人药是不符合儿童服用的，剂量减少了也不行，可能会因此给儿童造成不可逆转的伤害。

正确做法：内服药和外用药分开放，成人药和儿童药分开放，并贴好标签。

（2）将所有药物都放在冰箱里：很多人的潜意识里认为药物存储的温度越低越好，所以把药物都放进了冰箱，有些细心的人还会在药物的那一格贴一层锡箔纸，来避光。但是不是所有的药物都适合放冰箱的！例如，一些止咳糖浆，在过低的温度下，药物的溶解度可能会降低（部分有效成分沉淀结晶），导致药物浓度与标注的不符（药效不够了）！

正确做法：按照药品说明书上"贮藏"一项的要求储存。

冷冻：维持-20℃，一般此温度是用来保存疫苗的，由专业机构设立相关保存设施。

冷藏：2～8℃，通常指家用冰箱的冷藏室，例如糖尿病患者需要注射的胰岛素在拆封或未拆封时都宜存放于4℃环境中。

阴凉：8～15℃。

常温：15～25℃。

另外，除了温度要注意之外，还要注意湿度和光线。相对湿度建议低于60%，放在避光处。

（3）长期不清理药品、丢弃药品原包装：很多人的药箱只是不停地往里增加，很久都不清理，并且有的药物已经丢掉了原本的包装盒，这样很容易因判断失误而误服过期、变质的药品，后果很严重。

现在，还出现了一种服药小药盒，就是把一周甚至更长时间的药品拆开包装放在一个小药盒里！这种做法是十分危险的，一是裸露的药物或胶囊的稳定性及药效可能受到影响；二是药物之间易串味或反应；三是时间长了，你自己都不知道那些药放了多久。

正确做法：不要丢掉药品的包装袋，每3～6个月清理一次药品，最好用记号笔标记药品的保质期。如果需要使用小药盒，可将药品外层带有的锡箔一起剪下来存储，并标明有效期。

（4）药品不过期就能吃：一定要注意药品标示的有效期是指药品在未开封的条件下存储的时间，药品一旦开封，有效期会随着储存条件的变化而变化。特别是一些易受微生物感染的口服液、糖浆等，开封后是不适合长期储存的。以下数据可供参考。

片剂：瓶装片剂拆封后的服用期限一般是半年，但儿童服用的需要掰开服用的药品，建议掰服剩下的药品 24 小时内服用完。

胶囊：胶囊开封后建议 3～6 个月服用完。

口服糖浆：拆封后在阴凉处保存，建议夏天 1 个月内服用完，冬天 3 个月内服用完！另外，再次服用时，请观察溶液是否澄清，如出现气泡、变色、有结晶析出等情况，请停止服用。

"板装"药：有独立包装，可放心吃到有效期前。

颗粒剂：开封后按说明书要求保存，建议一个月内用完。若出现吸潮、结块等现象，要停止服用。

滴眼剂、药膏剂：拆封后的使用期限最多不超过 4 周，若药品性状发生变化，立即停止使用。

（5）重复使用棉花或干燥剂：许多人在药品拆封后，会将包装内的棉花、干燥剂再塞回去，这是错误的。

药厂之所以在包装时塞棉花，是为了避免药品在运送时因震动导致破碎，而干燥剂是为了吸收少数经药品封口渗入的水汽。开封后，棉花和干燥剂会吸收空气中的水分，再放回去，可能会使药品受潮分解。

正确做法：扔了就好！

42　绿色食品和有机食品有啥区别

超市里各种新的食品概念有时让我们搞不清，特别是什么绿色食品、无公害食品、有机食品等，更是搞得人心烦，让我们来归个类，一一

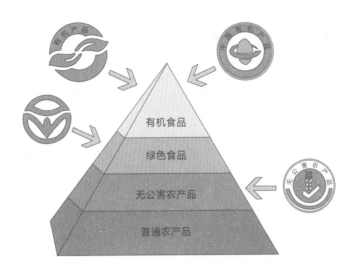

有机食品

绿色食品

无公害农产品

普通农产品

揭开它们的面纱吧！

现代农产品生产的趋势是由普通农产品发展到无公害农产品，再发展至绿色食品或有机食品。绿色食品跨接在无公害农产品和有机食品之间，无公害农产品是绿色食品发展的初级阶段，有机食品是质量更高的绿色食品。

（1）无公害农产品：指产地生态环境清洁，按照特定的技术操作规程生产，将有害物含量控制在规定标准内，并由授权部门审定批准，允许使用无公害标志的食品。无公害食品注重产品的安全质量，其标准要求不是很高，涉及的内容也不是很多，适合我国当前的农业生产发展水平和国内消费者的需求，对于多数生产者来说，达到这一要求不是很难。

（2）绿色食品：绿色食品概念是指遵循可持续发展原则，按照特定生产方式生产，经专门机构认证，许可使用绿色食品标志的无污染的安全、优质食用农产品及相关产品。由于与环境保护有关的事物国际上通常都冠之以"绿色"。

（3）有机食品：有机食品是国际上普遍认同的叫法，这一名词是从英文 organic food 直译过来的，在其他语言中也有叫生态或生物食品的。这里所说的"有机"不是化学上的概念。有机食品与无公害食品和绿色食品的最显著差别是，前者在其生产和加工过程中绝对禁止使用农药、化肥、除草剂、合成色素、激素等人工合成物质，后者则允许有限制地使用这些物质。因此，有机食品的生产要比其他食品难得多，需要建立全新的生产体系，采用相应的替代技术。

（4）绿色无公害食品：绿色无公害食品是出自洁净生态环境、生产方式与环境保护有关、有害物含量控制在一定范围之内、经过专门机构认证的一类无污染的安全食品的泛称，它包括无公害农产品、绿色食品和有机食品。

43 逛超市买东西有哪些妙招可省钱得实惠

超市里的商品种类是十分齐全的，各种商品都能在超市里买到，几乎涵盖了各种品类。但是大家知道平时逛超市买东西有哪些妙招可以帮助自己省钱得实惠吗？

（1）选购商品要挑最里面的：超市的工作人员在摆放商品的时候，都是按照从内到外的顺序摆放。所以我们在挑选商品，特别是一些保质期较短的商品（如酸奶、面包）时，最靠近货架里面的，往往是生产日期最近的。虽然大部分超市不会有过期商品，但是最里侧和最外侧的商品保质期往往会有几天的差距，所以平时在购买商品时要养成习惯，要挑最里面的商品购买。

（2）早上购物人少：超市的营业时间一般是从早上 7 时到晚上 10 时。而从超市的客流量来分析，晚上是超市的客流高峰，下午时段的客流是比较均衡的，而早上 8 时到 9 时之间是超市相关人最少的时候，因为除部分老年人外没人会一大早超市刚开门就来买东西。所以为了减少收银排队时间、提升购物体验，还是选择早上去超市购物比较合适。

（3）平行视角利润高：超市在摆放商品时也是有讲究，大部分人在选购商品时，目光多集中在平行视角上的商品。所以超市工作人员往往会将利润最高的商品摆放在与人眼高度相当的位置。而且大部分人在选购商品，往往不会将太多的目光分散到货架的最上层和最底层。所以，平时在购物时要多看看货架上层和底层的商品，这样可能会给自己带来最大的实惠。

（4）不买切开的包装水果：在超市的水果专区，我们会见到很多被切开而且还是包装好的水果，在这里建议大家不要购买。主要原因有以下几点。第一，被切开的水果大部分都是临近变质的水果，因为超市不会将新鲜的水果切开来卖。第二，被切开的水果已经失去了果实的完整性，会导致细菌滋生。第三，被切开的水果维生素流失比较严重。

（5）特价商品要注意：超市经常会搞特价商品的活动，但是这里并不是说特价商品不好，只不过购买时要注意。首先特价商品确实是超市让利于顾客，是超市促进销售的一种手段。但是在购买特价商品时要注意商品的保质期，因为大部分特价商品都是一些临近保质期的商品，虽然还没有过期，但是在购买时还是需要谨慎，千万不要贪图便宜而买了一堆吃不完或者用不完的商品，造成浪费。

（6）买生鲜蔬菜最好早上去：根据超市的进货规则，大部分连锁超市都是在夜晚或者凌晨将生鲜蔬菜补充到位，比如一些鲜活鱼类、贝类和蔬菜等。所以，想要买到超市最新鲜的食材，就一定要早上去。千万要避开晚间时段去超市买菜，到了晚上，超市的生鲜蔬菜都是顾客挑剩下的、不新鲜的。

（7）办会员卡：目前绝大部分超市都是连锁超市，都有自己的会员积分体系，而且大部分超市办会员卡是不花钱的。所以不妨多办几张不同超市的会员卡，这样既可以在结账的时候获得一些折扣，还可以购买一些会员专属的优惠商品，平时还可以使用积分免费兑换超市的指定商品。

小贴士

不要盲目听信导购人员的导购。平时我们在逛超市买东西的时候，可能会留意到超市里有许多的导购人员，这些导购人员主要是集中在化妆品专区和生活区，对于前来挑选的顾客都十分热情。不过需要注意的是，大部分的导购人员都不是超市的工作人员，只是一些品牌入驻超市的销售人员而已。导购人员推销商品是有提成的，因此他们推荐的商品有可能不是最好的，但是利润一定是最高的，所以切忌盲目听信导购人员的推销。

六、烹饪技巧

炒菜时出现粘锅，不但菜色差，菜肴焦煳，而且锅清洗不易，是做菜时最让人头疼的一件事情。以下几个妙招可以让你炒菜时不粘锅。

（1）选锅用锅妙招：有几个妙招介绍如下。

选择不粘锅来炒菜，自然就不容易粘锅了，不过选的时候尽量选信得过的品牌，不粘锅的涂层质量差的话会对人体造成伤害。

每次做饭切菜的时候就把锅烧热，然后冷却，切完菜后用锅来炒菜，会大大提高锅的不粘性。

将锅烧热取一块生姜，在锅壁上均匀涂抹，这样炒菜就不容易粘锅了。

热锅冷油，炒肉的时候油稍微多一点，然后将锅里的底油用来炒和肉搭配的素菜，这样既不粘锅，油也不浪费。

肉在上浆的时候淀粉不要放多了，可以加一点点淀粉和一点鸡蛋清，淀粉减少了就不容易粘锅了，肉质更加嫩滑。

（2）炒米饭不粘锅的方法：可选用隔夜的米饭，因此种米饭较为干爽，宜做蛋炒饭。将鸡蛋打散搅拌均匀后煎熟备用。米饭放入锅内，将米饭捣松，把煎好的鸡蛋倒在米饭上继续翻炒至米粒均匀地沾上鸡蛋粒块即可。

（3）炒面不粘锅技巧：①最好用生铁锅。②热锅凉油：先炒菜，将菜盛出锅就是热的，再放油，随即放入面条。③翻炒不停：面条下锅后要不停炒，面条均匀受热并被油包住，才会条条分明，色泽明亮。

（4）炒土豆丝不粘锅的技巧：①新鲜土豆水分多、糖分多、黏性好，吃起来口感"面"，适合炖菜、做汤；老土豆水分少，口感爽脆，不易粘锅，适合烹炒。②在切好的土豆里加盐搅拌，或用盐水浸泡。③炒土豆丝容易粘锅与其中含大量的淀粉有关。烹饪前用清水泡，去除土豆丝表面的淀粉，捞出沥干水分再炒。

45 烹饪中如何妙用葱姜蒜和花椒

葱姜蒜和花椒是厨房最常用的调味料，但它们的使用各有不同，也有许多值得注意的地方。

（1）葱适合烹调贝类：葱不仅能缓解贝类的寒性，还能避免吃了贝类后可能出现的咳嗽、腹痛等过敏症状。小葱更适合烹制水产品、蛋类和动物内脏，可以很好地去除其中的腥膻味。大葱性味寒，有发表、通阳、解毒的作用，可防治寒热头痛、大小便不通、痈肿等症。

（2）姜适合烹调鱼类：鱼类不仅腥味重，而且性寒，生姜则性温，既可缓解鱼的寒性，又可解腥，增加鱼的鲜味。一般来说，老姜适宜切片，用于炖、焖、烧、煮、扒等做法中；新姜辣味淡，适宜切丝，可做凉菜的配料。中医认为，姜属于温性食物，烹调带鱼、鳝鱼等温性鱼类时要少放。

（3）蒜提味杀菌：大蒜不仅是烹饪菜肴时的必备佐料，更称得上是一剂保健良药，尤其是在烹调肉菜时，更是少不了它。大蒜的杀菌、解毒作用对于禽肉中的细菌或病毒能起到一定的抑制效果。生蒜杀菌作用更大，可在食物做熟后将蒜切碎放入。烹饪水产品前放入蒜、姜等能去除腥味。

但蒜也有禁忌者：一是眼病患者，二是肝病患者，三是部分腹泻患者，四是其他疾病的重症患者。以上四类人炒菜时勿放蒜。

（4）花椒增香祛湿：中医学认为，花椒有健胃、除湿、解腥的功效，可除去各种肉类的腥臊膻气，并且促进唾液分泌，增进食欲。因此，可以在腌制肉类时加入，也可以在炒菜时煸炸，使其散发出特有的麻香味，还可以使用花椒粉、花椒盐、花椒油等。

 46 醋在烹饪中有哪些作用

酸味是一种基本味，自然界中含有酸味成分的物质很多，大多是植物原料。它的产生主要是由于酸味的物质解离出的氢离子，在口腔中刺激了人的味觉神经后而产生酸味，酸味有化钙除腥、解腻、提鲜、增香等作用。

（1）食醋的好处：具体体现在以下几个方面。

增鲜解腻：烹调油腻食物时加点醋，或吃饺子时蘸点醋，可减少油腻感，让人觉得没那么腻口。此外，醋还能增鲜增香，这是因为粮食在发酵变成醋的过程中，产生了大量鲜味和香味物质。

除腥去膻：醋的主要成分之一是醋酸，有减轻异味的作用。因此，在烧鱼时加入少量醋，能消除鱼腥味。炖羊肉中加点醋，能去除羊膻味。

杀菌防腐：拌黄瓜、萝卜丝等凉菜时，可以加点醋，因为醋有抑制细菌生长的作用,可提高凉拌菜的安全性。此外,制作腌蒜、腌黄瓜等咸菜时,也可以加点醋,防止变质。而且,醋能减少亚硝酸盐的产生,还能在很大程度上保护菜里的维生素 C 不被破坏。

增加咸味:在烹调中,多用一些酸味调料,能增强咸味,减少盐的摄入。这是因为感受酸味的味觉细胞位于舌中部的两侧,刚好与感受咸味的区域毗邻。这就意味着,吃点酸,能增加味蕾对咸味的敏感。

缓和辣味:醋中的醋酸可以中和辣味,减轻辣的刺激性。炒菜时如果辣椒放多了不妨加点醋。在餐馆吃饭时,如果感觉菜比较辣,也可以要一小碟醋拌着吃。

中和碱味:蒸馒头等面食时,如果碱放多了,可加少许醋,起到酸碱中和的作用,减轻面食里的碱味。此外,醋有抑菌作用,做面食时加一点儿,不容易发霉。

(2)醋的种类:目前市面上的醋大概有以下几种。

山西老陈醋:是我国北方最著名的食醋。它以优质高粱为主要原料。这种醋的色泽黑紫,液体清亮,酸香浓郁,食之绵柔,醇厚不涩。而且不发霉,冬季不冻,越放越香,久放不腐。

镇江香醋:是以优质糯米为主要原料。镇江香醋素以"酸而不涩、香而微甜、色浓味鲜"而蜚声中外。这种醋具有"色、香、味、醇、浓"五大特点,深受百姓的欢迎,尤以江南地区居民使用该醋为最多。

四川麸醋:四川各地多用麸皮酿醋,而以保宁所产的麸醋最为有名。配以砂仁、杜仲、紫花地丁、白豆蔻、母丁香等 70 多种健脾保胃的名贵中药材制曲发酵,并采用莹洁甘芳的泉水。此醋色泽黑褐,酸味浓厚。

江浙玫瑰米醋:以优质大米为酿醋原料。江浙玫瑰米醋颜色呈鲜艳透明的玫瑰红色,具有浓郁的能促进食欲的特殊清香,并且醋酸的含量不高,非常适口。

蒸馏白醋：是一种无色透明的食醋，也是一种名醋。使用这种蒸馏白醋要注意用量的控制，以防酸味过重，影响菜肴的本味。蒸馏白醋是烹制本色菜肴和浅色菜肴时用的酸味调料。

47 如何使米饭更加松软可口

米饭是我们食用最多的主食，松软泛着米香的大米饭是我们的渴望，如何使米饭更加松软可口呢？这里面也有几个小妙招。

（1）煮饭四技巧：可让米饭更松软。

技巧一：淘米。不要超过3次，如果超过3次后，米的营养就会大量流失，煮出来的米饭香味也会减少。

技巧二：泡米。先把米在冷水里浸泡1个小时。这样可以让米粒充分地吸收水分。这样煮出来米饭会粒粒饱满。

技巧三：米和水的比例恰当。煮饭时，米和水的比例应该是1∶1.2。有一个特别简单的方法来测量水的量，用食指放入米水里，只要水超出米至食指的第一个关节处就可以。

技巧四：增香。如果您家里的米已经是陈米，没关系，陈米也可以蒸出新米的味道。就是在经过淘米、浸米之后，可以在锅里加入少许的花生油。但花生油必须是烧熟的，而且是晾凉后再加入。这样煮出来的米饭，粒粒晶莹剔透、饱满，米香四溢。

（2）特色加料煮饭技巧：常见的有以下几种。

加醋做米饭法：做好的米饭不易存放，尤其夏季，米饭很容易变馊。若在做米饭时，按 1.5 千克米加 2～3 毫升醋的比例放些食醋，可使米饭易于存放和防馊，而且做出来的米饭并无酸味，相反饭香更浓。

加油做米饭法：陈米做米饭不如新米好吃，但只要改变一下做米饭的方法，便会使陈米像新米一样好吃。做法是：放入清水中浸泡 2 小时，捞出沥干，再放入锅中加适量热水、一汤匙猪油或植物油，用旺火煮沸再用文火焖 30 分钟即可。若用高压锅，焖 8 分钟即熟。

加食盐水做米饭法：此法仅限于剩米饭重新蒸煮时采用。吃不了剩下的米饭再吃时需要重新蒸煮，重新蒸煮的米饭总有一股味，不如新做的好吃。如果在蒸煮剩饭时，放入少量食盐水，即能让米饭增香。

加茶水做米饭法：用茶水代替清水做米饭，可使米饭色、香、营养俱佳，并有去腻、洁口、化食和提供维生素的好处。做法是：一般取 0.5～1 克茶叶，用 500～1 000 毫升开水泡 5 分钟，然后滤去茶叶渣，将过滤的茶水倒入淘洗好的大米中，按常规入锅做饭即可。

小贴士

我们大家都喜爱的寿司食品——紫菜饭卷很健康，加入醋、用紫菜包裹、中间加入蔬菜和生鱼片一类的做法是符合清淡原则的。

醋可降血糖，并能帮助控制血脂；

紫菜和生鱼片也是对心血管有益的食材。

因此，紫菜饭卷是很不错的健康主食。

鸡汤是我们最爱喝的汤类之一，几乎家家户户都会有自己的熬鸡汤妙招，这里特意整理了一下，让您以后熬出更浓郁、鲜香的鸡汤。这样炖鸡汤更好喝！

（1）宰活鸡，吃冻鸡：我们都习惯去市场买活鸡，现场宰杀回家就炖汤，恨不能中间不耽搁分秒。实际上这是不对的。鲜鸡买回来后，应先放冰箱冷冻室冰冻3～4个小时再取出解冻炖汤。这跟排酸肉的原理是相同的，动物骤然被杀，体内会自然释放多种毒素，而且刚宰杀的热肉中细菌繁殖迅速。冷冻既杀菌，也让肉从"僵直期""腐败期"过渡到"成熟期"，这时的肉质最好，再来炖汤做菜明显香嫩。

（2）汆水是必需功课：不光是鸡，任何肉类炖汤前都应先将主料汆水——就是开水里煮一下。这不仅可以去掉生腥味，也是一次彻底清洁的过程，还能使成汤清亮不混浊，鲜香无异味，一试就灵。当然，汆水也是有学问的。若冷水放肉，肉由水的冷到沸，经历了一个煮熟的过程，营养流失严重。最宜温水下锅，煮7～8分钟，不盖盖并适时翻动。开水下锅也行，3～5分钟即可。

（3）下锅——水"生"火热：炖汤宜冷水下锅，让原料由水温的慢慢升高而充分释放营养与香味。与水同温下锅的原料更能熬出好味道。所以，一定要记住，汆完水后的原料要立即用冷水冲凉再入锅炖。

（4）火候——先大后小：炖鸡汤应先大火约10分钟烧沸再转小火，沸的程度应掌握在似沸非沸，因为砂锅有很好的保温功能，若等沸腾时再调小火，它的后继沸腾过程对汤品的"鲜"是一个损失。而且这10分钟里千万不要揭盖，"跑气"的汤就少了原汁原味。

（5）放盐的学问：对于炖汤来说，这还是个不小的问题。放盐的时间在某种意义上能主宰汤的口味。不管是有的人说下锅时就放盐，还是半熟时放，都不对。盐煮长了会与肉类发生化学反应，肉类里的蛋白质被锁定，汤味淡，肉也炖不烂。那么盐该何时放好呢？记住了，盐和别的调味品一定要在汤已炖好时放。放盐后转大火10分钟再熄火，中途不揭盖，不光味道全进去了，而且汤味更浓。注意，放盐进去后不要搅拌，以免留下一股生盐味。

49 如何选择不同的油温

有人说爆炒瘦肉片的时候应该先把油热到冒烟再下锅，但是也有人说，油要是冒烟的话，代表油中本身含有的很多营养成分会丧失，那到底如何判断才好呢？我们可以通过观察油面状况来控制油温。

（1）温油：90～130 ℃，油面平静，无烟和声响，原料入锅后有少量气泡伴有沙沙声，油温会迅速下降，适用于滑油，制作较软嫩的菜肴，如滑炒里脊丝、清炒虾仁、宫保鸡丁等。

（2）热油：140～180 ℃，油面波动，向四周翻动，略有青烟升起，这种油温最适合煎、软炸等，原料入锅后气泡较多并伴有哗哗声。软炸虾仁、炸香椿、炸花椒等，用这种油温比较合适。如果把要炸的食物放入油中不沉，油的温度大约 180 ℃（六成热）。比较适合炸各种含水分较少的菜肴，如：干炸带鱼、干炸黄鱼、干炸里脊等,这类菜肴需复炸,就是将菜肴炸熟后捞出,待油温升高后再炸一遍,菜肴才能外酥里嫩。

炒青菜用此种油温即可,炒出的菜肴颜色漂亮且营养不流失。否则,油温过高可能会造成原料受热不均匀,油温过低蔬菜容易出水。炒制肉类菜肴油温也要控制在五六成,先放肉煸炒至发白后,再放入葱姜继续煸炒,最后放配料。

(3)旺油:190~240℃,此时油面的翻动转向平静,有青烟,手勺搅动时有声响,可适用于炸、烹、炒等烹调方法。原料入锅后有大量气泡并伴有爆破声。

很多人喜欢吃外皮金黄酥脆、蛋黄溏心的荷包蛋,七成油温就可以做到,煎制时间要短。如果想吃色白软嫩的煎蛋,要用四成油温,煎制时间要长一点。此种油温也适合煎炒豆腐,因为油温太低豆腐易碎。将原料下锅后关火,用高油温把外皮定型,再用小火把原料内部炸熟,再升高油温给原料炸制上色,适合做拔丝山药、拔丝土豆等。还可用这种温度油炸香酥鸡、香酥鸭,但中途不要关火,持续加热保持油温,炸出的鸡、鸭外脆里嫩。

(4)烈油:250~300℃,油烟密、有灼人的热气,青烟四起并向上冲,即将到燃点,原料入锅后大泡翻腾伴爆炸声,仅适用于爆菜或给蒸制菜肴浇油,如爆炒腰花或葱油清蒸鱼等,这时操作较危险,要小心。

小贴士　炒菜时油温过高不利于健康。一般普通食用油加热时间越长、温度越高,产生的有害物质和致癌物就越多。之所以说油炸食品可能含有致癌物,原因就在此。而比起油炸来,油都"着火"了,温度当然更高甚至会超过300℃,致癌物苯并芘极易产生。它们附着在菜肴上,严重危害人体健康。此外,炒菜"过火"还会产生反式脂肪酸。需要提醒的是,油脂加热时间越长,生成的有害物质就越多。

节约是美德,剩饭剩菜扔了可惜,不扔又怕食用后出问题,那到底该如何解决呢?

(1)蔬菜:蔬菜储藏中容易产生亚硝酸盐,其中的抗氧化成分和维生素 C、叶酸等在储藏和反复加热后损失极其严重。而且,蔬菜再热之后,几乎失去其美食价值。

但剩菜并不是绝对不能吃,保存条件一定要格外注意,凉透后应及时放入冰箱。即使在冬季,也不要长时间放在外面,因为冰箱有一定抑菌作用。晾凉再放是因为热食物突然进入低温环境,食物的热气会引起水蒸气凝结,促使霉菌生长,从而导致放入冰箱里的食物霉变。

另外,不同的剩菜,要用干净的容器密闭分开储存,如保鲜盒、保鲜袋,或者把碗盘覆上一层保鲜膜。

剩菜存放时间不宜过长,如果剩的绿叶菜直接放在室温下过夜,最好就不要再吃了。因为在室温条件下,剩菜中的细菌会大量繁殖。

(2)肉类和豆制品:肉类和豆制品剩下了,只要能及时冷藏,营养和口味并不会发生太大变化。肉类剩菜翻新并不难,无非就是改刀工、换调味、加配料这三大技巧。

改刀工:大块的肉类食材最适宜改刀。将其切片、切丁、切碎,再搭配新鲜蔬菜、粗粮等烹饪。比如把猪肉切成碎肉,鸡肉撕成鸡丝,酱肉片切成肉丝,然后和凉拌蔬菜搭配在一起,或者做成馅饼、春卷的原料。

换调味:换味的目的有两个,一是改变菜品的味道,二是调整咸淡。如果原本剩了油焖大虾,那么把油去掉,加点番茄酱,便可将其改造成风味别具的番茄大虾。炖鸡时,多是汤被喝得干干净净，可鸡肉却因味道寡淡被剩下。若将其切成颗粒，加入咖喱粉烹炒，便可翻新成咖喱鸡，让人味蕾大开。卤味及熏酱食品，口味偏重，若是将其搭配时蔬煮汤，便可把盐味煮出来，让浓味变淡。

加配料：加入配料实际上等于在新的一餐中引入蔬菜，而不再增加荤菜，有利于改善营养平衡。比如，原本剩了红烧排骨，可以加些洋葱、蘑菇、土豆、胡萝卜、玉米等，做成时蔬炒排骨。还可以把剩菜改造成汤，比如剩的炖排骨加蔬菜和挂面，做成蔬菜排骨汤面；剩番茄炒蛋加木耳和面疙瘩，改造成番茄味疙瘩汤。

（3）主食：如果是剩了主食，可以通过以下三个方法翻新。

改刀：油饼再次加热时，口感总是偏干硬，可通过改刀的方法，将其切丝，再加入蔬菜，如胡萝卜丝、圆白菜丝等，做成炒饼，不仅美味，而且口感松软又有韧劲。

加料：米饭可加入黑芝麻、红枣、燕麦、莲子等煮粥，让其营养翻倍。

烘烤：如果觉得馒头再蒸就没那么松软了，可以烤一下，或者把馒头切片，将坚果或水果干夹在两片馒头之间，那种齿颊生香的感觉定会让你回味无穷。

最后，需要提醒的是，剩菜重新加热时，煮得要足够"透"，这很关键。

七、网络便利

在日常的生活中很多人图省事，各种密码设置得很简单，只有六位或八位，这种密码很容易被破解。生活中处处都需要设置密码，从自己的 QQ、微信到各种邮箱、游戏账号甚至银行账户密码，一旦被破解了，损失会很严重。现在我们都深知保护信息安全的重要性，但是如何设置一个不容易被破解的密码呢？

可以从以下几个方面综合考虑来设置比较安全的密码。

（1）在设置密码时，不要将自己的生日或家人的生日做密码。因为这只是数字的密码组合，比较容易被破解出来。

（2）密码的组合要复杂些。密码设置不能是纯数字的，必须要有字母及符号的组合。必须超过 8 位。纯数字的如用生日做密码的这种，要用字母 A 到 Z，或特殊字符如@、♯、％、&、¥，等等，这样的密码强度高些。

（3）密码设置不能用明确意义的单词，不能设置为英文单词一样的密码，比如有的人就简单设置为 password 或 mama；还有的人就设置为动物的单词，如 dog、cat 等。这样也容易被破解。

（4）不要用具体的名称或名词，不能根据自己的喜好来设置密码。有的人喜好某部电影或连续剧，比如《无间道》或者《武则天》等，就设置此类电影名称的密码，也很容易被破解。

（5）设置密码中的字符串，不要用自己的用户名、真名、地名或公司名做密码。否则，黑客在破解了与你相关的人的密码之后，会马上破解了你的密码。

（6）密码的长度可以长到十六位，把自己的密码设置得复杂些，这样账号被黑客破解的概率就会小一些。但复杂的密码容易忘，可将其写在几个很安全的地方，分开写，合起来就是密码了。

52 如何增强家中的 Wi-Fi 信号

我们都曾碰到过这种情况：看视频看得好好的，突然视频就卡了，开始没完没了地缓冲。网速突然慢下来是一件让人很抓狂的事情，下面一些方法可以增强 Wi-Fi 信号。

（1）不要把路由器藏起来：大部分人会因为路由器难看或者挡路而把它们藏起来，但把路由器放在壁橱或者柜子里，会减弱 Wi-Fi 的信号：墙壁和门会削弱并吸收信号。在家里找一个中心位置，将路由器放在桌上或者书架上。因为有些路由器的设置是向下发射 Wi-Fi 信号，因此将它放在离地面高一点的地方

能将 Wi-Fi 信号发射到你家里各处。

（2）远离家电和金属物品：微波炉、无线电话、日光灯甚至是你邻居的路由器都可能会干扰你的 Wi-Fi 信号。为了减少这种干扰，把路由器放在离家电远一点的地方并将它设置为一个不同的无线频道和频率。利用在线工具——Windows 使用 Acrylic Wi-Fi Free 软件，苹果电脑使用 AirGrab Wi-Fi Radar 能帮助你用最小的干扰找到正确的无线路由器。如果你想要更容易的方法，大部分路由器能自动选择你所处位置的最佳频道。应该避免将路由器放在金属物品

附近,金属物品会吸收信号强度。

（3）重启：这个方法听起来很简单,其实,大部分技术支持问题有时只需重启即可解决。

（4）更新软件版本：我们知道,更新软件是一件很烦、很耗费时间的事情。但如果你有一个版本较老的路由器,这些更新能确保你的路由器软件一直处于最佳也是最高效的运行状态。记住：最好每隔适当时间就换一台新的路由器。

（5）调整路由器天线：大部分路由器顶部都有两个可调节天线。当 Wi-Fi 信号与设备内部天线平行时,Wi-Fi 信号最好,笔记本里的内置天线是水平的,台式机的内置天线是垂直的。手机里的内部天线方向各不相同,这取决于你拿手机的方式。保持天线彼此垂直,能确保你的手机和笔记本都能收到信号。

（6）用密码保护你的网络：由于家用 Wi-Fi 的速度取决于一次性使用 Wi-Fi 的人数,因此有一个保密性很强的密码很重要。

（7）错开上网高峰期：如果在你家里有太多人一次性占用太多带宽,比如打游戏、看视频等,那么你家里的整体网速就会减慢。试着避开上网高峰期,能确保你家里每个人都能用上快速而又流畅的网络。

小贴士

用啤酒罐或汽水罐制作一个小装置,能反射并延伸路由器的信号。你想动手做做吗？工具：易拉罐、小刀、笔;操作步骤如下。

（1）首先,把空的易拉罐或者啤酒罐冲洗干净。

（2）拔出拉环,拔的时候要小心别划伤手指了。

（3）用小刀子沿着易拉罐底部环切。

（4）在易拉罐顶部环切,不要全切,留一部分。而且记住,留的这一部分要靠近罐口,最好先用笔画一下再沿线切。

（5）在所留的未切部分的反面画一条直线，沿着这条直线剪开罐身铝皮。

（6）展开铝皮，铝罐的罐头依附在底座上，将天线穿过罐口，用胶带或者胶水等固定。这样就大功告成。信号可以增强一到两格，效果很明显（下图为实际效果图）。

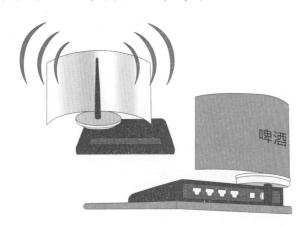

⑤③ 如何安全网购不受骗

现在越来越多的人喜欢在网上买东西，因为比较实惠也比较好找，只要录入关键词就容易找到自己想要的东西，不需要上街去货比三家那么累。如何安全不受骗地进行网购,以下几个方法让你网购既轻松又安全。

(1)购物之前最好能选择一家专业的购物网站:比如淘宝、京东商城、苏宁电器、1号店、亚马逊等网上商城购物网站,而且这类网站目前都提供一些商家打折、优惠活动、电子优惠券信息。

(2)充分利用电子优惠券:电子优惠券是各商家为了吸引买家所提供的购物优惠凭证。如果碰到一个好卖家,千万要珍惜!留下其网店地址和联系方式,以备不时之需。

(3)注意优惠信息:顾客选择完商品提交订单,在付款方式的"使用购物礼券"栏输入礼券号码即可,使用成功后,系统会自动从订单总付款金额中减去相应金额。

(4)收到东西后,别忘了要给卖家好评:不要随意给恶评,卖家经营也不容易。如果收到东西有问题,应该先与卖家联系,有些误会一个电话或留言就解决了。真的有了问题,好的卖家售后服务完善,退换规则齐全,会直到买家满意为止的。好事多磨,说不准有意外的惊喜。当然态度恶劣的卖家,售后服务特差的另当别论了,就要坚决投诉到底了。

(5)学会使用搜索功能:找到需要的商品后,不要着急拍下,先多给店主留言和店主交流,确定邮费和交易商品的一些细节问题。拍下后就不要再讨价还价了,卖家大多很反感这种行为。

(6)要充分利用留言功能:一方面,留言是你了解要买东西的最好途径,如东西的质地、号码、功能、售后服务、有没有保修甚至全球联保(主要指电器类)等。一方面,沟通好的话,不少店主还会给你一个更好的折扣。说不定有惊喜哦!更重要的是通过回答可以知道货主的责任心、售后服务甚至可以看出是不是骗子。

(7)网上成交:专业的卖家在

成交后大多会给买家发邮件,告知汇款方式,并询问买家的邮寄地址。要注意,一定要记住卖家的联系电话。留下交易记录,切忌私下交易。消费者千万不要因为急于成交而通过留言方式留下个人联系方式与卖家私下交易,因为如此一来,网站就无法掌握真实的交易记录与信息,也就没有办法接受和处理一旦发生交易纠纷后的投诉。

 ## 54 怎样安全使用网络社交软件

目前社交信息基本属于透明,但保护个人的信息依然很重要,一旦泄露或者被"有心人"收集起来,相信很多结果都是大家不愿意看到的。分享几点需要注意的问题,大家能够安全使用微信、QQ等社交媒体软件就最好了。

(1)不设置分享定位:在发布朋友圈或者说说动态之类时,谨慎使用设置分享定位的功能,如果手机能确保安全的,平时的定位服务也建议关闭。

(2)不授权不明程序:目前的微信小程序非常流行,很多人为了能够参与看看好友什么状态,都会点击授权,一旦授权,你的信息安全就不能保证了。

(3)仅对好友可见:如果有个人方面的信息,比如孩子的照片之类的,设置仅好友可见也很重要,毕竟让陌生人看到你的个人信息会提升不安全系数。

(4)不晒隐私信息:如果说一些信息还可以好友可见,关于自己的一些文字、照片之类的隐私信息，无论可见或不可见，都不要晒。

（5）不乱填个人信息：对网络中的一些测试、心理测试或者预见之类的小程序要填写个人信息的要求，不要轻易填上自己的个人信息，以免信息泄露，甚至上当受骗。

（6）慎重加陌生号码：一些陌生的号码会打电话过来，不接也没关系，如果有陌生人加你为微信好友，也要慎重，谁也不知道会有什么后果。

（7）谨慎使用公用网络：公用的网络也要注意，很多人为了玩游戏之类的到一个地方就会加免费无线 Wi-Fi，这说不定是陷阱，一定要谨慎使用哦！